Vinayak B. Sutar
Poonam S. Sutar
S. C. Potnis

# Resposta sísmica de um tanque de aço isolado elevado para armazenamento de líquidos

Vinayak B. Sutar
Poonam S. Sutar
S. C. Potnis

# Resposta sísmica de um tanque de aço isolado elevado para armazenamento de líquidos

## Análise utilizando um isolador de pêndulo de frequência variável

ScienciaScripts

**Imprint**



Cover image: www.ingimage.com

This book is a translation from the original published under ISBN 978-620-2-19998-8.

Publisher:
Sciencia Scripts
is a trademark of
Dodo Books Indian Ocean Ltd. and OmniScriptum S.R.L publishing group

120 High Road, East Finchley, London, N2 9ED, United Kingdom
Str. Armeneasca 28/1, office 1, Chisinau MD-2012, Republic of Moldova, Europe
Printed at: see last page
**ISBN: 978-620-8-06992-6**

# Índice

# Resumo

*Neste estudo, a resposta sísmica de tanques elevados de armazenamento de líquidos em aço isolados por rolamentos elastoméricos lineares é investigada sob um movimento sísmico real. São considerados dois tipos de modelos de reservatórios isolados em que os apoios são colocados na base e no topo da estrutura da torre de aço. A massa líquida contínua do tanque é modelada como massas fixas conhecidas como massa de sloshing, massa impulsiva e massa rígida. As constantes de rigidez correspondentes associadas a estas massas fixas foram calculadas em função das propriedades da parede do reservatório e da massa líquida. A massa da estrutura da torre metálica é fixada igualmente no topo e na base. A resposta sísmica é obtida pelo método passo-a-passo de Newmark. Obtém-se a resposta de dois tipos de reservatórios, nomeadamente reservatórios delgados e largos, e efectua-se um estudo paramétrico para estudar os efeitos de parâmetros importantes do sistema na eficácia do isolamento sísmico. Os vários parâmetros importantes considerados são o rácio de aspeto do tanque, o período de tempo da estrutura da torre, o amortecimento e o período de tempo do sistema de isolamento. A resposta sísmica do reservatório isolado é significativamente reduzida. A resposta sísmica de reservatórios de aço para armazenamento de líquidos (delgados e largos) isolados com isoladores de pêndulo de frequência variável (VFPIs) é investigada sob movimento sísmico real. As equações que regem o movimento de tanques de aço para armazenamento de líquidos isolados com os VFPIs são derivadas e resolvidas. Para um estudo comparativo,*

*Para medir a eficácia do sistema de isolamento, a resposta sísmica dos reservatórios de aço isolados é comparada com a dos reservatórios de aço não isolados. Além disso, foi efectuado um estudo paramétrico para examinar o comportamento de reservatórios de aço para armazenamento de líquidos isolados com VFPIs. Os parâmetros importantes considerados são o coeficiente de atrito do VFPI, o Fator de Variação de Frequência (FVF) do VFPI e o rácio de aspeto do tanque. Observa-se que a análise proposta prevê com exatidão a resposta sísmica de reservatórios de aço elevados com um esforço computacional significativamente menor. Conclui-se que a resposta sísmica, nomeadamente o corte na base, o deslocamento de sloshing e o deslocamento impulsivo, de reservatórios de aço para armazenamento de líquidos durante movimentos sísmicos pode ser controlada com a instalação do VFPI. Verifica-se também que o isolamento por rolamentos elastoméricos lineares e isoladores VFPI tem quase o mesmo efeito no tanque para os movimentos de campo distante. O software MATLAB foi utilizado para a análise e resolução de todas as equações dinâmicas do movimento. Do estudo anterior conclui-se que o isolamento é muito eficaz na redução da resposta sísmica dos reservatórios de armazenamento de líquidos.*

# Capítulo 1

# Introdução

## 1.1 Antecedentes e área de investigação:

Os tanques de aço para armazenamento de líquidos são estruturas vitais e estrategicamente muito importantes, uma vez que têm uma utilização vital em indústrias e centrais nucleares. Ao contrário da maioria das estruturas (como edifícios ou pontes), o peso dos tanques de armazenamento varia ao longo do tempo devido ao nível variável de armazenamento de líquidos, e podem conter substâncias corrosivas ou de baixa temperatura (por exemplo, gás natural liquefeito (GNL)). Os danos típicos em tanques durante terramotos anteriores, como o terramoto de Loma Prieta de 1989, o terramoto de Northridge de 1994, o terramoto de Ji-Ji Taiwan e o terramoto de Kocaeli de 1999, foram sob a forma de fissuras no canto da placa de fundo e de encurvadura por compressão da parede do tanque (encurvadura por pé de elefante) devido a elevação, deslizamento da base, falha de ancoragem, danos por sloshing em torno do telhado, falha dos sistemas de tubagem e deformação plástica da placa de base (1988, 1990). As falhas dos tanques de armazenamento não só perturbam instantaneamente as infra-estruturas essenciais, como também podem causar incêndios ou contaminação ambiental quando há fugas de materiais inflamáveis ou de produtos químicos perigosos. Consequentemente, a proteção dos reservatórios de aço para armazenamento de líquidos contra fenómenos sísmicos graves tornou-se crucial. Os tanques elevados de aço para armazenamento de líquidos são inerentemente flexíveis na horizontal, pelo que o seu fracasso face a terramotos devastadores recentes tem atraído uma atenção considerável. Os reservatórios são fabricados para uma vasta gama de capacidades, desde pequenas a grandes dimensões. O movimento sísmico excita o líquido contido no depósito. Uma parte do líquido move-se independentemente do movimento da parede do reservatório, o que se designa por convecção ou sloshing, enquanto outra parte do líquido, que se move em uníssono com a parede rígida do reservatório, é conhecida por massa impulsiva. Se se considerar a flexibilidade da parede do reservatório, então a parte da massa impulsiva move-se independentemente, enquanto a restante acelera para a frente e para trás com a parede do reservatório, conhecida como massa rígida.

O líquido em aceleração, como massas impulsivas e rígidas, induz pressões hidrodinâmicas substanciais na parede dos reservatórios de armazenamento de líquidos, o que, por sua vez, gera forças de projeto como o cisalhamento da base e o momento de derrube. O cisalhamento da base é importante do ponto de vista do projeto do isolador, enquanto o movimento de tombamento produz uma deformação significativa da torre e o tombamento da mesma conduz à falha do reservatório. A falha dos reservatórios de aço para armazenagem de líquidos deve-se principalmente à encurvadura da parede do reservatório, ao tombamento da estrutura da torre, à falha do sistema de tubagem e à elevação do sistema de ancoragem.

Durante mais de três décadas, a tecnologia de isolamento sísmico foi reconhecida como uma das alternativas promissoras para proteger os tanques de aço de armazenamento de líquidos contra sismos graves. O principal conceito de isolamento é aumentar o período fundamental de vibração estrutural para além do período de contenção de energia dos movimentos sísmicos do solo. O outro objetivo de um sistema de isolamento é fornecer um meio adicional de dissipação de energia, reduzindo assim a aceleração transmitida para a superestrutura. A abordagem de conceção inovadora visa principalmente o isolamento de uma estrutura do solo de apoio, geralmente na direção horizontal, a fim de reduzir a transmissão do movimento sísmico à estrutura.

## 1.2 Investigação da resposta sísmica dos tanques de armazenamento de líquidos

Vários autores investigaram intensivamente a resposta sísmica dos tanques de armazenamento de líquidos. Housner (1957, 1963) desenvolveu um modelo analítico. O modelo assume que as paredes do tanque são rígidas, o fluido é incompressível e os deslocamentos do fluido são pequenos. Neste modelo, o tanque de armazenamento de líquidos apoiado no solo foi idealizado por um sistema com dois graus de liberdade, concentrando a massa do tanque em dois pontos. As massas e as rigidezes são funções da geometria do tanque e da elevação do fluido. Este modelo tem sido amplamente utilizado para investigar a resposta sísmica dos tanques de armazenamento de líquidos. Haroun e Housner (1981) desenvolveram um modelo de três massas para tanques apoiados no solo que tem em conta a flexibilidade da parede do tanque. Mais tarde, Harou (1983) desenvolveu diagramas concebidos para estimar as massas impulsivas, convectivas e rígidas, assumindo que o líquido no tanque é incompressível com fluxo irrotacional. Malhotra (1997) demonstrou a eficácia do isolamento na redução significativa dos momentos de base de derrube transferidos para a fundação e das tensões de compressão axiais geradas na parede do reservatório. Malhotra (1997) investigou a resposta sísmica de reservatórios de aço isolados da base e verificou que o isolamento era eficaz na redução da resposta dos reservatórios em relação ao reservatório de base fixa tradicional, sem qualquer alteração significativa do deslocamento do sloshing.

Shenton III e Hampton (1999) investigaram a resposta sísmica de reservatórios elevados isolados e concluíram que o isolamento sísmico é eficaz na redução da deriva da torre, do corte na base, do momento de derrube e da pressão na parede do reservatório para toda a gama de capacidades do reservatório. Wang *et al.* (2001) investigaram a resposta de reservatórios de armazenagem de líquidos isolados pelo FPS e observaram que o isolamento era eficaz na redução da resposta dos reservatórios. Shrimali e Jangid (2002) investigaram a resposta sísmica de reservatórios de aço para armazenamento de líquidos isolados por chumaceiras de chumbo-borracha sob excitação sísmica bidirecional e observaram que a resposta sísmica de reservatórios isolados é insensível ao efeito de interação das forças de apoio. Shrimali e Jangid (2003) investigaram a resposta sísmica de reservatórios elevados de armazenamento de líquidos em aço isolados por chumaceiras elastoméricas lineares sob um movimento sísmico real. Shrimali e Jangid (2004) apresentaram a análise sísmica de reservatórios de aço para armazenamento de líquidos isolados da base utilizando a teoria linear do isolamento da base. Jadhav e Jangid (2006) investigaram a resposta sísmica de tanques de aço para armazenamento de líquidos isolados por rolamentos elastoméricos e sistemas de deslizamento sob movimentos de terra próximos da falha e observaram que tanto os sistemas elastoméricos como os de deslizamento eram eficazes na redução das forças sísmicas dos tanques de armazenamento de líquidos. Akkose (2007) investigou a eficácia dos rolamentos Double Concave Friction Pendulum (DCFP) para tanques de armazenamento de líquidos sujeitos a movimentos de terra próximos e de campo distante. Panchal e Jangid (2008) propuseram um novo isolador de base de fricção denominado Variable Friction Pendulum System (VFPS) para o isolamento sísmico de tanques de aço para armazenamento de líquidos sujeitos a movimentos de terra próximos da falha. Abali e Uçkan (2010) efectuaram um estudo paramétrico de tanques de armazenamento de líquidos isolados por apoios deslizantes de superfície curva para calcular a sensibilidade dos parâmetros críticos de resposta, tais como o período de isolamento, o rácio de aspeto do tanque e o coeficiente de atrito dos apoios deslizantes a vários movimentos do solo. No entanto, são poucos os trabalhos disponíveis na literatura em que foi estudada a resposta sísmica de tanques de aço para armazenamento de líquidos isolados na base sob movimentos de terra próximos da falha. Consequentemente, os efeitos destes movimentos nos tanques de aço para armazenagem de líquidos ainda não são totalmente compreendidos.

## 1.3 Objetivo do estudo

Os objectivos específicos do estudo são:

(i) Investigar a resposta sísmica dos tanques isolados considerando a influência de vários parâmetros do tanque, da torre e do isolamento e comparar com a resposta correspondente do tanque não isolado para identificar a eficácia do sistema de isolamento.

(ii) Avaliar, para uma vasta gama de tanques práticos de armazenamento de líquidos, a contribuição de vários componentes do cisalhamento de base para o cisalhamento de base total e a influência do isolamento no deslocamento do sloshing e na deformação da estrutura da torre (ou seja, deriva da torre).

(iii) Estudar o desempenho comparativo de tanques isolados na base quando os rolamentos de isolamento são colocados no topo e na base da estrutura da torre de suporte.

(iv) Investigar a resposta dos tanques de aço isolados elevados para armazenamento de líquidos através dos modelos aproximados propostos para minimizar os esforços computacionais.

(v) Comparar a resposta sísmica de tanques de aço para armazenamento de líquidos isolados com o VFPI e com os rolamentos elastoméricos, a fim de medir a eficácia do VFPI.

(vi) Investigar a influência de parâmetros importantes na resposta de tanques de aço para armazenamento de líquidos isolados com o VFPI através de um estudo paramétrico. Os parâmetros importantes considerados são o coeficiente de atrito do VFPI, o Fator de Variação de Frequência (FVF) do VFPI e a razão de aspeto do tanque.

## 1.4 Esboço da tese

O **primeiro capítulo** inclui a introdução ao tema e ao objetivo do estudo. **O segundo capítulo** inclui informações gerais e uma revisão de pesquisas anteriores. No **terceiro capítulo**, aborda-se a descrição do rolamento elastomérico e do isolador de pêndulo de frequência variável. **O capítulo quatro** apresenta o modelo estrutural do reservatório de armazenamento de líquidos isolado pelo rolamento elastomérico linear e pelo VFPI. No **capítulo cinco**, são apresentadas as equações de movimento para o reservatório não isolado, isolado por chumaceira elastomérica linear e isolado por VFPI. Neste capítulo, é também apresentada a equação de movimento para o modelo isolado-I e para o modelo isolado-II. Os resultados numéricos do depósito de armazenamento de líquidos isolado por chumaceira elastomérica linear são apresentados no **Capítulo Seis.** Os resultados numéricos do reservatório de armazenamento de líquidos isolado por VFPI e a comparação da resposta sísmica de reservatórios de armazenamento de líquidos em aço isolados com VFPI e com chumaceiras elastoméricas, de modo a medir a eficácia do VFPI, são apresentados **no Capítulo Sete**.

# Capítulo 2

# Revisão da literatura

## 2.1 Introdução

Esta secção apresenta os antecedentes da resposta sísmica de um reservatório de armazenamento de líquidos isolado com um sistema de isolamento. Este documento revê as disposições relacionadas com os aspectos de análise e modelação e as relações força-deslocamento. Os tópicos incluídos são informações gerais e uma revisão da investigação anterior relacionada com as áreas acima referidas.

## 2.2 Análise do depósito de armazenamento de líquidos

### 1)M.K. Shrimali, R.S. Jangid

### Resposta sísmica de tanques elevados de armazenamento de líquidos em aço isolados por rolamento elastomérico linear

A resposta sísmica de tanques elevados de armazenamento de líquidos em aço, isolados por rolamentos elastoméricos lineares, é investigada em condições reais de movimento sísmico. São considerados dois tipos de modelos de reservatórios isolados em que os apoios são colocados na base e no topo da estrutura da torre de aço. A massa líquida contínua do tanque é modelada como massas fixas conhecidas como massa de sloshing, massa impulsiva e massa rígida. As constantes de rigidez correspondentes associadas a estas massas fixas foram calculadas em função das propriedades da parede do reservatório e da massa líquida. A massa da estrutura da torre de aço é concentrada igualmente no topo e na base. Uma vez que a matriz de amortecimento do sistema de reservatório isolado é de natureza não clássica, a resposta sísmica é obtida pelo método passo-a-passo de Newmark. Obtém-se a resposta de dois tipos de reservatórios, nomeadamente reservatórios delgados e largos, e efectua-se um estudo paramétrico para estudar os efeitos de parâmetros importantes do sistema na eficácia do isolamento sísmico. Os vários parâmetros importantes considerados são o rácio de aspeto do tanque, o período de tempo da estrutura da torre, o amortecimento e o período de tempo do sistema de isolamento. Foi demonstrado que a resposta sísmica do tanque isolado é significativamente reduzida. Além disso, observa-se também que o isolamento é mais eficaz para o reservatório com uma estrutura de torre de aço rígida em comparação com torres flexíveis.

Além disso, é também apresentada uma análise simplificada para avaliar a resposta dos reservatórios de aço elevados utilizando um modelo de dois graus de liberdade e dois modelos de um grau de liberdade.

### Efeito do rácio de aspeto (S):

Para investigar a eficácia do isolamento, as quantidades de resposta dos reservatórios para uma vasta gama prática de reservatórios elevados de armazenamento de líquidos são representadas em função do rácio de aspeto, *S*. A variação mostra que, para além do rácio de aspeto *S*=*1*,5, a componente rígida contribui ligeiramente mais em comparação com a componente impulsiva. Observa-se também que a componente de base tem uma contribuição negligenciável. O deslocamento da chumaceira aumenta inicialmente à medida que a razão de aspeto aumenta até 1,5 e, para além disso, não há alteração significativa no deslocamento. Para além disso, os dois modelos de tanques isolados prevêem deslocamentos de apoio idênticos.

### Efeito do período de tempo da estrutura da torre (Tt) :

A resposta do reservatório isolado é insensível à variação de *Tt* e a resposta prevista pelos dois modelos de reservatório coincide estreitamente. A resposta do depósito isolado é comparada com a resposta correspondente do depósito não isolado e o corte na base é significativamente reduzido em toda a gama de *Tt* considerada.

### Efeito do amortecimento do isolamento (xb):

O cisalhamento da base, o deslocamento de sloshing e o deslocamento da chumaceira reduzem-se à medida que o amortecimento aumenta. Verificou-se que a redução do cisalhamento de base e do deslocamento da chumaceira é significativa até *xb*=*0*,2 e, para além disso, não há grande redução do cisalhamento de base e do deslocamento da chumaceira. O deslocamento de sloshing diminui gradualmente à medida que o amortecimento do isolamento diminui.

### Efeito da flexibilidade do sistema de isolamento (Tb):

Devido ao aumento do período de isolamento, o cisalhamento da base é reduzido significativamente porque o aumento da flexibilidade do sistema de isolamento transmite menos aceleração para o recipiente de líquido e, por conseguinte, são geradas menos forças dinâmicas. O deslocamento da chumaceira aumenta com o aumento da flexibilidade do sistema de isolamento.

O desempenho comparativo de tanques elevados de armazenamento de líquidos, colocando o sistema de isolamento da base no topo e na base da torre de suporte, é investigado utilizando movimentos sísmicos reais. A resposta sísmica dos tanques isolados é comparada com a dos tanques não isolados para medir a eficácia do isolamento. Além disso, propõe-se uma análise simplificada e desacoplada para investigar a resposta de reservatórios elevados de armazenagem de líquidos isolados.

As seguintes conclusões são tiradas das tendências dos resultados do tanque isolado de armazenamento de líquidos elevado:

1. O cisalhamento de base do tanque elevado de armazenamento de líquidos é significativamente reduzido devido ao isolamento. O cisalhamento de base é dominado principalmente pelos componentes de massa impulsiva e rígida.

2. A deriva da torre de aço também é significativamente reduzida devido ao isolamento. Além disso, a resposta de pico dos reservatórios isolados não é sensível ao período da estrutura da torre.

3. A resposta sísmica de pico prevista pelo modelo isolado-I é ligeiramente superior à resposta correspondente obtida pelo modelo isolado-II. No entanto, em geral, ambos os modelos fornecem a mesma eficácia de isolamento da base.

4. A eficácia do isolamento sísmico aumenta com o aumento da flexibilidade e do amortecimento dos rolamentos.

5. O pico de deslocamento do sloshing do tanque delgado aumenta devido ao efeito de isolamento, enquanto o tanque largo não tem essa influência.

6. Os métodos aproximados propostos prevêem com exatidão a resposta de pico do reservatório de aço elevado isolado com um esforço computacional significativamente menor.

## 2) F. Omidinasab e H. Shakib

## KSCE Journal of Civil Engineering (2012) 16(3):366-376

## Avaliação da resposta sísmica de um reservatório de água elevado em RC com interação fluido-estrutura e um conjunto de sismos

Neste trabalho, um reservatório de água elevado em betão armado, com uma capacidade de 900 metros cúbicos e uma altura de 32 metros, foi utilizado e sujeito a um conjunto de registos sísmicos. Foi utilizado um modelo de elementos finitos para modelar o sistema do reservatório de água elevado. A interação fluido-estrutura para modelação é considerada pelo método Euleriano. O comportamento do betão e do aço foi também considerado não linear. As respostas sísmicas do reservatório de água elevado, tais como a força de corte na base, o momento de derrube, o deslocamento e a pressão hidrodinâmica, foram avaliadas para registos sísmicos conjuntos. Os resultados obtidos revelaram que a dispersão das respostas no intervalo da média menos o desvio padrão e da média mais o desvio padrão é de aproximadamente 60 a 70 por cento. Além disso, as respostas do reservatório de água elevado dependem das caraterísticas do sismo e da frequência do reservatório de água elevado. A resposta máxima da força de corte de base, do momento de derrube, do deslocamento e da pressão hidrodinâmica ocorreu em diferentes casos de enchimento do reservatório.

### Cisalhamento de base:

No caso de um reservatório de armazenamento vazio, a dispersão do cisalhamento de base é pequena. A dispersão aumenta quando a percentagem de enchimento do depósito de armazenamento aumenta. O aumento da dispersão não é linear com o valor da percentagem de enchimento. Este aumento depende principalmente das caraterísticas do sistema. A dispersão máxima ocorre quando o reservatório está meio cheio e a dispersão máxima ocorre quando o reservatório está cheio. A dispersão do momento de derrube é pequena para os sistemas quando o reservatório está vazio e cheio.

### Deslocação:

A dispersão aumenta linearmente com o aumento da percentagem de enchimento. No entanto, a dispersão máxima ocorreu no tanque de armazenamento cheio.

Neste trabalho, um reservatório de água elevado suportado por uma estrutura resistente a momentos foi considerado e sujeito a sete pares de registos sísmicos selecionados. As respostas sísmicas do reservatório de água elevado foram determinadas utilizando a análise não linear do histórico temporal para os contentores vazio, meio cheio e cheio.

Os resultados do presente estudo permitem tirar as seguintes conclusões:

1. A resposta máxima nem sempre ocorre com o reservatório cheio. Este resultado pode dever-se ao facto de as pressões hidrodinâmicas do reservatório no caso de meio cheio serem mais elevadas do que no caso de enchimento completo.

2. As frequências predominantes do sistema estão localizadas na gama de alta amplitude do conteúdo de frequência de alguns dos registos sísmicos selecionados e causam amplificação das respostas, no entanto, nos outros registos sísmicos, este fenómeno não é visível, uma vez que as frequências predominantes do sistema estão localizadas na gama de baixa amplitude do conteúdo de frequência.

3. A dispersão da média mais e menos o desvio padrão cobre aproximadamente 60 a 70 por cento das respostas.

4. O aumento da percentagem de enchimento do recipiente mostra que o valor da força de corte de base, os momentos de derrube, o deslocamento e a pressão hidrodinâmica aumentam no intervalo de média mais e menos desvio padrão.

5. A avaliação da pressão convectiva revelou que os registos sísmicos com baixa frequência predominante provocam excitação nos modos oscilatórios com período relativamente elevado e, consequentemente, resultam em elevada pressão hidrodinâmica na superfície livre do fluido. A excitação nos modos impulsivos provoca um aumento da pressão hidrodinâmica nos níveis baixos e no fundo do tanque para os registos com maior frequência predominante.

6. A análise da pressão hidrodinâmica máxima resultante dos modos convectivo e impulsivo mostrou que a pressão máxima ocorre nos níveis inferiores da superfície livre da água. Uma vez que a pressão impulsiva é dominante nestes níveis, a pressão máxima ocorre no fundo do tanque cheio.

### 3) M. K. Shrimali

### Estruturas de aço 7 (2007) 239-251

### Resposta sísmica de reservatórios elevados de aço para armazenamento de líquidos sob excitação bidirecional

A resposta sísmica de reservatórios de aço cilíndricos elevados para armazenamento de líquidos, isolados por um isolador de base de fricção resiliente, é investigada sob duas componentes horizontais de um movimento sísmico real. A massa líquida contínua do reservatório é dividida em massa de sloshing, massa impulsiva e massa rígida. A rigidez equivalente correspondente associada a estas massas é calculada a partir das propriedades do líquido contido e da parede do tanque. As forças de atrito mobilizadas na interface do sistema de deslizamento são assumidas como dependentes da velocidade e a sua interação em duas direcções horizontais é devidamente considerada. É também efectuado um estudo paramétrico para estudar os efeitos de parâmetros importantes do sistema na eficácia do isolamento sísmico dos tanques de armazenamento de líquidos. Os vários parâmetros considerados são (i) o rácio de aspeto do tanque, (ii) o período de isolamento, (iii) o amortecimento dos rolamentos de isolamento e (iv) o coeficiente de atrito do isolador resiliente-fricção-base. Verificou-se que a interação bidirecional das forças de atrito tem efeitos notáveis e que, se estes efeitos forem ignorados, os deslocamentos da base de deslizamento serão subestimados, o que pode ser crucial do ponto de vista do projeto.

### Efeitos do rácio de aspeto

A fim de investigar a resposta de reservatórios isolados para uma vasta gama de reservatórios práticos de armazenamento de líquidos (com e sem interação), a resposta é representada em função do rácio de aspeto, S. O modelo-II prevê um valor ligeiramente mais elevado de cisalhamento de base e de deriva da torre em comparação com o modelo-I. O deslocamento do sloshing após a variação inicial do modelo-I prevê um valor marginalmente mais elevado do que o modelo-II. O deslocamento do rolamento no modelo-I é comparativamente menor do que no modelo-II. Isto indica que o sistema de isolamento é mais eficaz no modelo-I do que no modelo-II.

### Efeitos da flexibilidade da torre

O corte de base diminui com o aumento da flexibilidade da torre. Além disso, a interação prevê um resultado ligeiramente mais elevado em comparação com o caso sem interação. O deslocamento do sloshing com interação no reservatório delgado (modelo-I) é ligeiramente superior, enquanto no reservatório largo o modelo-II prevê um valor mais elevado.

## Efeitos da flexibilidade do sistema de isolamento

À medida que a flexibilidade do sistema de isolamento aumenta, o cisalhamento da base diminui e o modelo I com interação dá uma resposta marginalmente mais elevada.

## Efeitos do amortecimento do isolamento

O cisalhamento da base diminui inicialmente com o aumento do amortecimento e a condição de interação prevê uma resposta ligeiramente superior para o modelo I em comparação com o modelo II. No tanque delgado, o deslocamento do sloshing com interação tem um valor ligeiramente superior, enquanto no tanque largo é vice-versa. Além disso, a deriva da torre aumenta à medida que o amortecimento do isolamento aumenta (para o modelo-II após a diminuição inicial), O deslocamento da chumaceira diminui à medida que o amortecimento do isolamento aumenta.

## Efeitos do coeficiente de atrito

O aumento do valor do coeficiente de atrito transmite mais aceleração e, consequentemente, mais cisalhamento na base. O deslocamento do sloshing não é significativamente influenciado pela alteração do coeficiente de atrito. No entanto, o aumento do coeficiente de atrito aumenta a deriva da torre e, para o modelo I, ambas as condições dão resultados muito próximos, ao passo que, para o modelo II, a condição sem interação prevê um resultado marginalmente mais elevado. Além disso, o deslocamento da chumaceira diminui à medida que o coeficiente de atrito aumenta. Um coeficiente de atrito mais elevado transmite uma aceleração mais elevada, o que resulta num maior cisalhamento da base, mas num menor deslocamento da base.

1. Verifica-se que o sistema R-FBI é bastante eficaz na redução do cisalhamento da base e da deriva da torre dos tanques de armazenamento de líquidos. No entanto, o deslocamento do sloshing do tanque não é significativamente influenciado devido ao isolamento.

2. O modelo isolado-I é mais eficaz em comparação com o modelo-II para controlar a resposta dos tanques de líquidos.

3. A interação bidirecional das forças de atrito tem efeitos significativos na resposta de tanques isolados. Se estes efeitos forem ignorados, o deslocamento do rolamento será subestimado, o que pode ser crucial do ponto de vista do projeto para o modelo I.

4. O sistema de isolamento é mais eficaz para estruturas de torres de tipo rígido.

5. O valor do coeficiente de atrito e do amortecimento do sistema R-FBI deve ser selecionado de

modo a obter um corte mínimo da base com um deslocamento da base dentro dos limites permitidos.

### 4) Konstantin Meskouris, Britta Holtschoppen, Christoph Butenweg, Julia Rosin

### 2º Workshop Internacional INQUA-IGCP-567 sobre Tectónica Ativa, Geologia Sísmica, Arqueologia e Engenharia, Corinto, Grécia (2011)

Devem ser considerados os efeitos da interação dinâmica entre a parede do reservatório e o líquido. A interação pode ser simplificada com o conceito de sistemas generalizados de grau único que representam os modos de vibração convectivos, impulsivos rígidos e impulsivos flexíveis do tanque e do líquido. Este conceito é bem aceite para tanques ancorados com uma ligação fixa a uma fundação rígida. Este documento apresenta o estado da arte do projeto de reservatórios, com especial destaque para a praticabilidade das regras de projeto disponíveis. As abordagens de cálculo analítico e numérico são comparadas com base no exemplo de uma geometria típica de um tanque, tendo em conta os efeitos de interação relevantes.

### 5) V. R. Panchal* e R. S. Jangid

### KSCE Journal of Civil Engineering (2011) 15(6):1041-1055

Resposta sísmica de tanques de aço para armazenamento de líquidos com isolador de pêndulo de frequência variável.

A resposta sísmica de tanques de aço para armazenamento de líquidos (delgados e largos) isolados com isoladores de pêndulo de frequência variável (VFPIs) é investigada sob a componente normal de seis movimentos de terra próximos da falha.

A massa contínua de líquido é dividida em massa convectiva, massa impulsiva e massa rígida. A rigidez correspondente associada a estas massas fixas é calculada em função das propriedades da parede do tanque e da massa líquida. As forças de atrito mobilizadas na interface do VFPI são assumidas como independentes da velocidade. As equações de movimento que regem os reservatórios de aço para armazenamento de líquidos isolados com os VFPIs são derivadas e resolvidas de forma incremental utilizando o método passo-a-passo de Newmark, assumindo uma variação linear da aceleração num pequeno intervalo de tempo. Para efeitos de estudo comparativo, a resposta sísmica de reservatórios de aço para armazenamento de líquidos com os VFPIs é comparada com a dos mesmos reservatórios de aço para armazenamento de líquidos isolados com os sistemas de pêndulo de fricção (FPSs). A fim de medir a eficácia do sistema de isolamento, a resposta sísmica dos reservatórios de aço isolados é comparada com a dos reservatórios de aço não isolados. Além disso, foi efectuado um estudo paramétrico para examinar criticamente o comportamento de reservatórios de aço para armazenamento de líquidos isolados com VFPIs. Os parâmetros importantes considerados são o coeficiente de atrito do VFPI, o Fator de Variação de Frequência (FVF) do VFPI e o rácio de aspeto do tanque. A diferença entre os tanques de armazenamento de líquidos isolados com o VFPI e os isoladores FPS sujeitos a movimentos de solo harmónicos e de campo distante foi também investigada neste estudo. O efeito da componente vertical dos movimentos do solo no comportamento dos tanques de armazenamento de líquidos isolados por VFPI é investigado sob excitações triaxiais do solo, considerando a interação de forças em duas direcções ortogonais. A partir destas investigações, conclui-se que a resposta sísmica, nomeadamente o cisalhamento de base, o deslocamento de sloshing e o deslocamento impulsivo, de tanques de aço para armazenamento de líquidos durante movimentos de terra próximos da falha pode ser controlada dentro de um intervalo desejável com a instalação do VFPI. Sob fortes excitações harmónicas, o cisalhamento de base do VFPI é menor do que o do FPS, enquanto o deslocamento de sloshing, o deslocamento impulsivo e o deslocamento do isolador do VFPI são maiores do que os do FPS. Verifica-se também que o isolamento pelos isoladores FPS e VFPI tem quase o mesmo efeito no tanque para os movimentos de campo distante. Os movimentos triaxiais do solo têm um efeito notável na resposta dos tanques de armazenamento de líquidos isolados por VFPI relativamente ao movimento unilateral do solo e, se forem ignorados, o deslocamento de deslizamento e o corte na base serão subestimados.

Podem ser tiradas as seguintes conclusões:

1. Com a instalação do VFPI em tanques de armazenamento de líquidos, o cisalhamento de base, o deslocamento de sloshing e o deslocamento impulsivo durante movimentos de solo próximos da falha podem ser controlados dentro de um intervalo desejável. Por outro lado, observa-se um aumento significativo do deslocamento do isolador.

2. O desempenho do VFPI para o isolamento sísmico dos tanques de armazenamento de líquidos é bastante eficaz na redução do cisalhamento de base e do deslocamento impulsivo dos tanques de armazenamento de líquidos em comparação com o FPS.

3. Verifica-se que o VFPI é mais eficaz para as cisternas delgadas do que para as cisternas largas, uma vez que o deslocamento do sloshing das cisternas largas não é muito influenciado devido ao isolamento das cisternas pelo VFPI.

4. O cisalhamento da base, o deslocamento do sloshing e o deslocamento impulsivo de ambos os tanques diminuem com o aumento da FVF, enquanto o deslocamento do isolador aumenta com o aumento da FVF.

5. O deslocamento do sloshing e o deslocamento impulsivo aumentam com um aumento do coeficiente de atrito, enquanto o deslocamento do isolador diminui com um aumento do coeficiente de atrito.

6. O deslocamento de sloshing e o deslocamento impulsivo nos tanques delgados isolados com o VFPI são inferiores aos dos tanques largos isolados com o VFPI, enquanto o deslocamento do isolador nos tanques delgados é superior ao dos tanques largos.

7. Sob fortes excitações harmónicas, o cisalhamento de base do VFPI reduz-se em relação ao FPS, enquanto o deslocamento de sloshing, o deslocamento impulsivo e o deslocamento do isolador do VFPI excedem o do FPS.

8. O isolamento pelos isoladores VFPI e FPS tem quase o mesmo efeito no tanque para os movimentos do solo de campo distante.

9. Os movimentos triaxiais do solo têm um efeito notável na resposta dos tanques de armazenamento de líquidos isolados por VFPI em relação ao movimento unilateral do solo e, se forem ignorados, o deslocamento de deslizamento e o cisalhamento da base serão subestimados.

## 6) M.K. Shrimali, R.S. Jangid

## Resposta sísmica de tanques de armazenamento de líquidos isolados por rolamentos deslizantes

A resposta de tanques de armazenamento de líquidos isolados por sistemas de deslizamento é investigada sob duas componentes horizontais do movimento real do solo causado por um sismo. A massa contínua de líquido é dividida em massa convectiva, massa impulsiva e massa rígida. A rigidez correspondente associada a estas massas é calculada em função das propriedades da parede do tanque e da massa líquida. As equações do movimento do tanque com um sistema de deslizamento são derivadas e resolvidas pelo método passo-a-passo de Newmark com iterações. As forças de atrito mobilizadas na interface do sistema de deslizamento são assumidas como dependentes da velocidade e a sua interação em duas direcções horizontais é devidamente considerada. É também efectuado um estudo paramétrico para estudar os efeitos de parâmetros importantes do sistema na eficácia do isolamento sísmico dos tanques de armazenamento de líquidos. Os vários parâmetros considerados são (i) o período de isolamento, (ii) o amortecimento dos apoios de isolamento e (iii) o coeficiente de atrito dos apoios deslizantes. Além disso, a dependência do coeficiente de atrito da velocidade relativa dos apoios deslizantes não tem efeitos significativos na resposta de pico dos reservatórios de armazenamento de líquidos isolados.

## Efeitos do coeficiente de atrito dependente da velocidade

A dependência do coeficiente de atrito da velocidade de deslizamento relativa não tem efeitos perceptíveis na resposta de pico dos tanques de armazenamento de líquidos isolados por sistemas de deslizamento para todos os movimentos sísmicos. Uma tendência semelhante nos resultados foi também observada para os tanques isolados pelos sistemas P-F e R-FBI. Assim, os efeitos da dependência do coeficiente de atrito na velocidade de deslizamento podem ser ignorados para determinar a resposta de pico de tanques isolados.

## Efeitos do período de isolamento

O cisalhamento de base diminui com o aumento da flexibilidade dos sistemas de isolamento. Isto deve-se ao facto de que, com o aumento do período de isolamento, o sistema se torna mais flexível e, consequentemente, transmite menos aceleração sísmica para os tanques, o que leva a uma redução do cisalhamento de base. No entanto, o efeito do período de isolamento não é significativo no deslocamento do sloshing em ambos os tanques. O deslocamento de base aumenta com o aumento do período de isolamento para os sismos de Imperial Valley, 1940 e Loma Prieta, 1989, enquanto que diminui para o movimento de terra do sismo de Kobe, 1995. Esta tendência é semelhante aos espectros de deslocamento destes movimentos terrestres

## Efeitos do coeficiente de atrito

O pico do cisalhamento de base resultante diminui inicialmente e depois aumenta com o aumento do coeficiente de atrito. Isto indica que existe um valor ótimo de coeficiente de atrito para o qual o cisalhamento de base no depósito atinge o valor mínimo. Por outro lado, o deslocamento da chumaceira para ambos os depósitos diminui com o aumento do coeficiente de atrito.

## Efeitos do amortecimento do isolamento

O cisalhamento de base diminui inicialmente com o aumento do amortecimento e atinge o valor mínimo, aumentando depois com o aumento do amortecimento de isolamento. Isto implica que existe um valor ótimo de amortecimento do isolamento para o qual se verifica um valor mínimo de cisalhamento da base. Por outro lado, o deslocamento de arrasto e o deslocamento da base diminuem com o aumento do amortecimento do isolamento. Assim, o aumento do amortecimento de isolamento pode reduzir a resposta de deslocamento do reservatório mas, em determinadas condições, o amortecimento elevado pode produzir mais forças sísmicas no sistema.

Podem ser tiradas as seguintes conclusões:

1. Verifica-se que os sistemas de deslizamento são bastante eficazes na redução do cisalhamento de base e do deslocamento impulsivo dos tanques de armazenamento de líquidos. No entanto, o deslocamento de sloshing do tanque não é muito influenciado devido ao isolamento pelos sistemas de deslizamento.

2. A dependência do coeficiente de atrito da velocidade relativa do sistema não tem efeitos perceptíveis na resposta de pico dos tanques isolados de armazenagem de líquidos. Por conseguinte,

estes efeitos podem ser ignorados na determinação da resposta de pico do sistema.

3. A interação bidirecional das forças de atrito tem efeitos significativos na resposta de tanques isolados.

4. A eficácia dos sistemas de isolamento dos reservatórios aumenta com o aumento da flexibilidade dos sistemas de deslizamento.

5. Existe um valor ótimo de coeficiente de atrito e de amortecimento para o qual o corte de base nos tanques de armazenamento de líquidos atinge o valor mínimo sob o movimento sísmico do solo. No entanto, o deslocamento do sloshing e do rolamento diminui com o aumento do coeficiente de atrito e do amortecimento do sistema de deslizamento.

**7) D. P. Soni, B. B. Mistry, R. S. Jangid e V. R. Panchal**

**Estrutura. Control Health Monit. 2011; 18:450-470**

**Publicado online a 19 de fevereiro de 2010 na Wiley Online Library (wileyonlinelibrary.com). DOI: 10.1002/stc.384**

**Resposta sísmica do isolador duplo de pêndulo de frequência variável** (VFPI). A principal vantagem do DVFPI é a sua capacidade de acomodar deslocamentos maiores em comparação com o VFPI de dimensões planas idênticas. Além disso, existe a possibilidade de utilizar superfícies de deslizamento com geometria variável do isolador e coeficientes de atrito das superfícies de deslizamento superior e inferior, dando ao projetista maior flexibilidade para otimizar o desempenho. Este artigo descreve a modelação matemática e as relações força-deslocamento do DVFPI. O comportamento do DVFPI é estudado através da variação da geometria do isolador e do coeficiente de atrito das duas superfícies de deslizamento e são propostos critérios para otimizar o desempenho do DVFPI. Além disso, são investigadas as influências do período de tempo inicial, do coeficiente de atrito e dos factores de variação da frequência nas duas superfícies de deslizamento. O efeito combinado da alteração do período de tempo inicial e do coeficiente de atrito na resposta sísmica do DVFPI é também estudado. Observa-se que o melhor desempenho do DVFPI pode ser alcançado projectando-o com diferentes coeficientes de atrito e diferentes períodos de tempo iniciais das duas superfícies de deslizamento.

A resposta dinâmica do DVFPI proposto é investigada para um conjunto de 10 movimentos sísmicos de falha distante com aceleração de pico variando de 0,14 a 0,64 g para quatro casos de projectos de isoladores com diferentes geometrias e coeficientes de atrito nas superfícies de deslizamento superior e inferior. Além disso, são investigadas as influências do período de tempo inicial, do coeficiente de atrito e dos FVFs nas duas superfícies de deslizamento. É também estudado o efeito combinado da alteração do período de tempo inicial e do coeficiente de atrito na resposta sísmica do DVFPI. Os resultados do estudo são resumidos da seguinte forma.

O comportamento do DVFPI com igual geometria de isolador e coeficiente de atrito de duas superfícies de deslizamento pode ser modelado como o de um VFPI tradicional com eixo semimenor igual à soma dos eixos semimenores de cada superfície de deslizamento, valor inicial do eixo semimenor igual à soma do valor inicial do eixo semimenor de cada superfície de deslizamento e o coeficiente de atrito igual à média do coeficiente de atrito em cada superfície de deslizamento. Para os valores mais elevados de FVF de uma superfície de deslizamento, a resposta é essencialmente independente do FVF da outra superfície de deslizamento. No entanto, para valores mais baixos do coeficiente de atrito de uma superfície, a resposta é sensível ao coeficiente de atrito da outra superfície. A resposta sísmica do edifício isolado com o DVFPI varia mais rapidamente num intervalo pequeno do período de tempo inicial de cada superfície de deslizamento, T1 e T2, mostrando a sua sensibilidade a valores mais baixos de T1 e T2.

Por outro lado, para um valor mais elevado de T1 ou T2 ou de ambos, a resposta é essencialmente idêntica. Com um valor mais baixo do coeficiente de atrito numa superfície de deslizamento, o deslocamento do isolador permanece o mesmo para todos os valores do coeficiente de atrito na outra superfície de deslizamento quando sujeita a um sismo grave, enquanto a resposta varia rapidamente para todos os valores do coeficiente de atrito para um sismo moderado. Para otimizar o desempenho do DVFPI em termos de deslocamento mínimo do isolador, aceleração absoluta e cisalhamento da base; melhores capacidades de recentragem, flexibilidade suficiente e capacidades de dissipação de energia, uma superfície deve ser concebida para ter baixo atrito e maior rigidez inicial e a outra para ter maior atrito e menor rigidez inicial. O presente estudo limitou-se à investigação numérica da resposta sísmica do DVFPI. No entanto, a investigação experimental tem de ser efectuada para se chegar a uma compreensão completa do comportamento do DVFPI.

### 8) Hirokazu Iemura, Akira Igarashi e Afshin Kalantari

### 13ª Conferência Mundial de Engenharia Sísmica. Vancouver, B.C., Canadá, 1-6 de agosto de 2004, Documento n.º 773

Melhoria do desempenho dinâmico de tanques de armazenamento de líquidos através de amortecedores semi-activos controlados. Este artigo aborda o comportamento de tanques cilíndricos de armazenamento de líquidos facilitado por diferentes sistemas de controlo passivo, passivo híbrido e semi-ativo com isolamento da base para melhorar o desempenho deste tipo de estruturas e para mostrar os méritos dos amortecedores variáveis. São investigados os casos de um isolamento de base linear com amortecimento viscoso, um sistema de isolamento de base com comportamento bilinear e amortecimento viscoso e um sistema de isolamento de base linear em conjunto com um amortecedor variável. No último caso, o controlo semi-ativo foi aplicado para controlar o amortecedor variável utilizando o algoritmo de rigidez pseudo-negativa que foi previamente proposto pelos autores. Um modelo numérico de massa fixa do tanque e do líquido contido foi utilizado na análise. A altura do sloshing, o cisalhamento da base e o deslocamento do tanque durante a excitação são considerados como os índices que representam o desempenho dinâmico do tanque. Para diferentes caraterísticas dinâmicas dos sistemas, nomeadamente o período de isolamento, o rácio de amortecimento do sistema de isolamento e os factores de ganho no algoritmo de rigidez pseudo-negativa, os valores óptimos para os dispositivos de base são obtidos através da minimização destes índices de desempenho para uma variedade de movimentos do solo. O cisalhamento da base do tanque, bem como o deslocamento estrutural e o sloshing do líquido durante diferentes movimentos do solo reduziram drasticamente com a utilização do algoritmo de controlo semi-ativo em conjunto com sistemas de isolamento da base. A redução da resposta ao cisalhamento da base com a aplicação de sistemas de isolamento é confirmada. Verifica-se que a aplicação do algoritmo de controlo semi-ativo PNS para controlar o reservatório é eficaz na redução do cisalhamento da base. O melhor desempenho do controlo semi-ativo PNS na absorção de energia é confirmado pela comparação do rácio entre a energia dissipada e a energia de entrada em três casos. A energia de vibração da massa convectiva na parte líquida foi comparada como medida para estudar o efeito dos sistemas de controlo de resposta em cada caso na resposta de sloshing do líquido. Os resultados mostram que o caso de controlo semi-ativo PNS é o sistema mais eficaz na redução da energia de vibração da parte que sofre o efeito de sloshing, em comparação com os outros casos.

## 2.3 Trabalho experimental

### Giannini, Paolacci, De Angelis, Ciucci

### A 14th Conferência Mundial sobre Engenharia Sísmica. 12-17 de outubro de 2008, Pequim, China

Ensaios de mesa vibratória num tanque de armazenamento de líquidos em aço isolado na base O artigo trata dos resultados dos ensaios de mesa vibratória num tanque de armazenamento de líquidos em aço com um diâmetro de 4 m, cheio de água até um metro. Este tanque é um modelo à escala 1:14 de um grande depósito de armazenamento de líquidos em aço, instalado numa fábrica petroquímica. Primeiro, o tanque foi testado na configuração de base fixa com teto flutuante. Posteriormente, o mesmo tanque foi protegido sismicamente com dois tipos de isoladores: rolamentos de borracha de elevado amortecimento e isoladores deslizantes com amortecedores elasto-plásticos. Em cada configuração, o modelo foi submetido à mesma série de ensaios.

Os resultados confirmam a eficácia de ambos os sistemas de isolamento para reduzir a pressão na parede da cisterna e a influência negligenciável da cobertura flutuante. Pelo contrário, para o caso isolado de base, verificou-se um ligeiro aumento das oscilações verticais da cobertura flutuante, parcialmente compensado por um aumento significativo do amortecimento, que reduz o número de oscilações livres na fase pós-sismo.

Este artigo trata dos principais resultados de uma campanha experimental efectuada numa maquete de um tanque de armazenamento de líquidos em aço, equipado com o teto flutuante, excitado na base por uma mesa vibratória de seis d.o.f. instalada no Centro de Investigação da ENEA "La Casaccia" (Roma). A maquete é um modelo reduzido de um grande tanque de aço utilizado em instalações industriais para o armazenamento de petróleo e seus produtos. Os ensaios foram realizados utilizando diferentes configurações experimentais: base fixa com e sem teto flutuante, base isolada com rolamento elastomérico ou deslizante com amortecedores elasto-plásticos. Durante os ensaios, o tanque foi sujeito a acelerogramas históricos, que reproduzem registos de eventos sísmicos naturais e artificiais, e a sinais apropriados para a identificação dinâmica do sistema.

Os resultados mostram a eficácia de ambas as tipologias de isoladores na redução da pressão total gerada pelo sismo na parede da cisterna. Pelo contrário, observou-se um baixo aumento da amplitude de oscilação da superfície líquida e, consequentemente, do teto flutuante. Este é parcialmente compensado por um aumento sensível do amortecimento, que reduz drasticamente o número de oscilações de elevada amplitude da cobertura flutuante, após o fim do fenómeno sísmico.

## 2.4 Código revisto

### Dr. O. R. Jaiswal Dr. Durgesh C Rai Dr. Sudhir K Jain

Este documento analisa as disposições relacionadas com os aspectos de análise e modelação. Estes aspectos incluem o análogo mecânico do tanque, o período de tempo do modo de vibração lateral e vertical, a distribuição da pressão hidrodinâmica, a altura da onda de sloshing, a interação solo-estrutura, etc. Os códigos analisados são: ACI 350.3, normas AWWA, API 650, diretrizes NZSEE e Eurocódigo 8. Todos os códigos utilizam análogos mecânicos para avaliar as forças hidrodinâmicas, particularmente devido à excitação lateral da base. As disposições relativas à inclusão do efeito da excitação vertical não estão contempladas em todos os códigos. As disposições relativas à interação solo-estrutura, aos reservatórios enterrados e à flexibilidade das tubagens ou não são abordadas ou são dadas apenas em termos qualitativos. É também apresentada uma breve descrição das limitações do código indiano. A análise de vários códigos revelou que o ACI 350.3, que é o código mais recente, é bastante completo e simples de utilizar. Neste código, os parâmetros do modelo mecânico são avaliados utilizando um modelo de reservatório rígido. A flexibilidade do tanque é considerada na avaliação do período de tempo impulsivo. Em contraste, o Eurocódigo 8 e as diretrizes da NZSEE utilizam modelos separados para determinar os parâmetros dos reservatórios rígidos e flexíveis. Esta abordagem torna estes códigos mais complicados de utilizar, sem que se obtenham melhorias significativas nos valores dos parâmetros. O efeito da aceleração vertical do terreno é considerado em vários códigos com diferentes graus de pormenor. Nos códigos AWWA, a pressão hidrodinâmica devida à aceleração vertical é considerada como uma fração da pressão devida à aceleração lateral. As diretrizes ACI 350.3, Eurocódigo 8 e NZSEE sugerem uma abordagem mais racional para obter a pressão hidrodinâmica devida à aceleração vertical, que é avaliada com base no período de tempo do modo de vibração respiratório. Todos os códigos sugerem expressões bastante semelhantes para avaliar a altura máxima da onda de sloshing. No que respeita à norma indiana IS 1893, as disposições relativas à análise sísmica de reservatórios sugeridas por Jain e Medhekar (1994a, 1994b) devem ser alteradas. Estas alterações são particularmente necessárias para incluir modelos mecânicos simplificados para reservatórios flexíveis, para incluir o efeito da aceleração vertical e para incluir expressões simples para a altura da onda de sloshing.

## Resumo

A eficácia do isolamento sísmico aumenta com o aumento da flexibilidade e do amortecimento dos apoios. Os métodos aproximados propostos prevêem com exatidão a resposta de pico do reservatório de aço elevado isolado com um esforço computacional significativamente menor. A análise da pressão hidrodinâmica máxima resultante dos modos convectivo e impulsivo mostrou que a pressão máxima ocorre nos níveis mais baixos da superfície livre da água. Uma vez que a pressão impulsiva é dominante nestes níveis, a pressão máxima ocorre no fundo da cisterna cheia. O sistema de isolamento é mais eficaz para estruturas de torres de tipo rígido. As abordagens de cálculo analítico e numérico são comparadas com base no exemplo de uma geometria típica de um tanque, tendo em conta os efeitos de interação relevantes. A eficácia dos sistemas de isolamento para tanques aumenta com o aumento da flexibilidade dos sistemas de deslizamento. O presente estudo limitou-se à investigação numérica da resposta sísmica do DVFPI. No entanto, a investigação experimental precisa de ser efectuada para se chegar a uma compreensão completa do comportamento do DVFPI. Todos os códigos sugerem expressões bastante semelhantes para avaliar a altura máxima da onda de sloshing. No caso do código indiano IS 1893, as disposições relativas à análise sísmica de reservatórios sugeridas por Jain e Medhekar (1994, 1994) devem ser modificadas. Estas modificações são particularmente necessárias para incluir modelos mecânicos simplificados para reservatórios flexíveis, para incluir o efeito da aceleração vertical e para incluir expressões simples para a altura da onda de sloshing.

# Capítulo 3

# Descrição da chumaceira de elastómero e do isolador de pêndulo de frequência variável

## 3.1 Rolamento elastomérico

Os apoios de borracha oferecem o método mais simples de isolamento e são relativamente fáceis de fabricar. O sistema consiste em apoios de borracha laminada (produzidos pela Robinson Seismic Limited em willington). Os apoios são feitos de ligação por vulcanização de folhas de borracha a placas finas reforçadas com aço com um diâmetro de 350 mm a 600 mm, como se mostra na Fig.3.1 (a), (b).

Fig.3.1 (a) Rolamento de elastómero

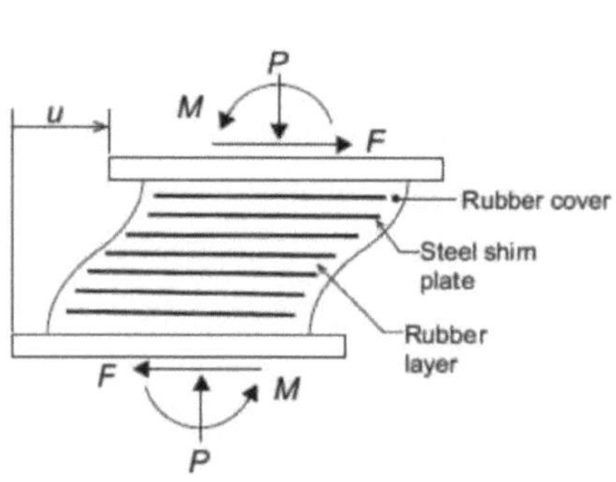


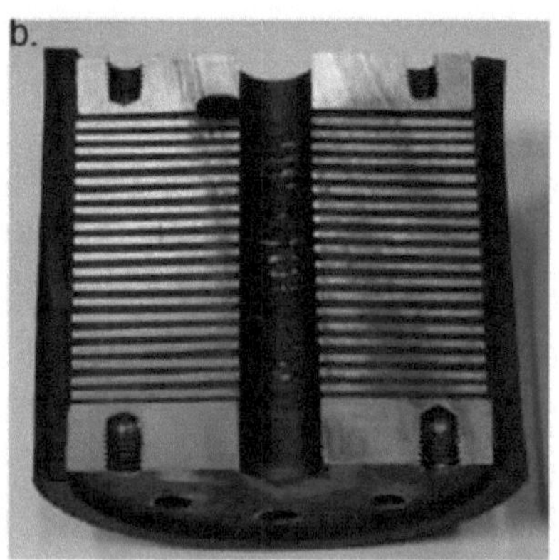

Fig.3.1 (b) Rolamento de elastómero

Neste processo, as placas de aço com revestimentos adesivos são colocadas num molde com um espaçamento igual e o elastómero não vulcanizado preenche o espaço. O conjunto é então tratado a determinadas condições de pressão e temperatura. Os rolamentos são muito rígidos na direção vertical e muito flexíveis na direção horizontal. A elevada rigidez vertical destas chumaceiras é conseguida através da construção laminada da chumaceira utilizando placas de aço. A relação entre a rigidez vertical e a rigidez horizontal deve ser elevada e o valor desejado situa-se entre 200 e 500.

O amortecimento obtido a partir da borracha natural é baixo, da ordem dos 2 a 4 por cento, pelo que estas chumaceiras são designadas por "chumaceiras de borracha de baixo amortecimento". É raro utilizá-la sem algum outro elemento capaz de proporcionar algum aumento de amortecimento. O comportamento de deslocamento forçado destes rolamentos é geralmente linear.

Os elastómeros mais comuns utilizados nos apoios elastoméricos são a borracha natural, a borracha de neopreno, a borracha butílica e a borracha nitrílica. As propriedades mecânicas da borracha natural são superiores às da maioria dos elastómeros sintéticos utilizados em chumaceiras de isolamento sísmico. Por conseguinte, a borracha natural é o material mais frequentemente recomendado para utilização em chumaceiras elastoméricas, seguida do neopreno. As borrachas butílicas são adequadas para aplicações a baixas temperaturas.

## 3.2 Isolador de pêndulo de frequência variável

Um novo isolador, denominado Isolador de Pêndulo de Frequência Variável (VFPI) (Pranesh e Sinha, 2000), incorpora as vantagens do sistema de pêndulo de fricção (FPS) e dos isoladores de fricção pura (P-F) (ver Fig. 3.2 a), b)). Neste isolador, a forma da superfície de deslizamento não é esférica. Para ser mais específico, a sua geometria foi derivada da equação básica de uma elipse, sendo o seu semi-eixo maior uma função linear do deslocamento de deslizamento. Isto é equivalente a um número infinito de elipses que se transformam continuamente umas nas outras, de modo a que o semi-eixo maior seja maior para um maior deslocamento de deslizamento. O desempenho do VFPI é considerado muito eficaz para uma variedade de excitações e caraterísticas estruturais. Os pormenores e o funcionamento do VFPI são quase idênticos aos do FPS. O VFPI é relativamente mais plano do que o FPS, o que resulta num menor deslocamento vertical para deslocamentos semelhantes. Esta é uma vantagem adicional do VFPI em comparação com o FPS, uma vez que uma superfície de deslizamento mais plana resultará na geração de forças de derrube menores na estrutura. As propriedades mais importantes deste sistema são: (i) o seu período de oscilação depende do deslocamento de deslizamento e (ii) a sua força de restauração apresenta um comportamento de amolecimento. A geometria do isolador é tal que a sua frequência diminui com o aumento do deslocamento de deslizamento e aproxima-se assimptoticamente de zero para deslocamentos muito grandes. Como resultado, a frequência dominante de excitação e a frequência do isolador não são susceptíveis de se sintonizarem.

As superfícies de deslizamento têm as partes feitas de aço inoxidável, o que proporciona durabilidade e um deslizador articulado em forma de lentilha coberto por um material compósito auto-lubrificante (Teflon) de alta capacidade de suporte. Durante o terramoto, o cursor e a superfície côncava da placa inferior mantêm-se em contacto e, consequentemente, é assegurada uma distribuição de tensões relativamente uniforme. Para outros tipos de superfícies deslizantes, os contactos são limitados. Para evitar este tipo de inconveniente, nomeadamente para obter um contacto contínuo entre o cursor e a placa côncava, é necessário inserir uma camada elastomérica entre o cursor e a sola. Esta camada é semelhante à utilizada em sistemas de isolamento de bases elastoméricas, garantindo uma elevada portabilidade. Assim, podemos obter uma deformação controlada para ajustar a forma côncava da placa estacionária. A taxa de variação da frequência pode ser controlada através da escolha de parâmetros geométricos adequados. Isoladores especialmente concebidos para cada instalação com base nos requisitos de capacidade de carga, capacidade de deslocação sísmica, condições do solo e dimensão da estrutura a suportar.

Os isoladores podem ser concebidos para acomodar diferentes magnitudes de deslocação simplesmente ajustando a curvatura. Onde $\mu$ é o coeficiente de atrito de deslizamento da interface da chumaceira. O coeficiente de atrito de deslizamento para material do tipo Teflon não lubrificado acoplado ao aço inoxidável varia tipicamente entre 0,07-0,18, dependendo da pressão da chumaceira, da velocidade de pico e do material. No entanto, um fabricante de chumaceiras refere que são possíveis coeficientes de atrito de deslizamento de 0,03 a 0,2. Sistemas de proteção anti-sísmica.

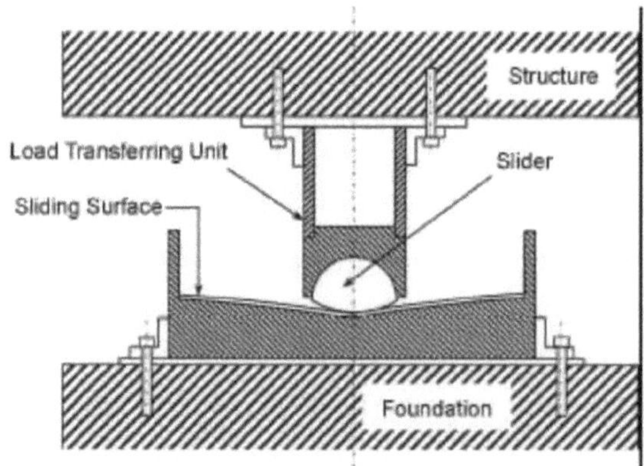


Fig. 3.2(a) Isolador de pêndulo de frequência variável (VFPI)

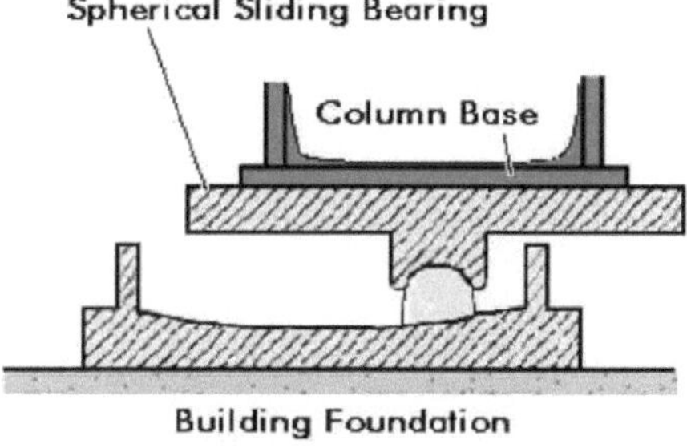


Detalhes do VFPI

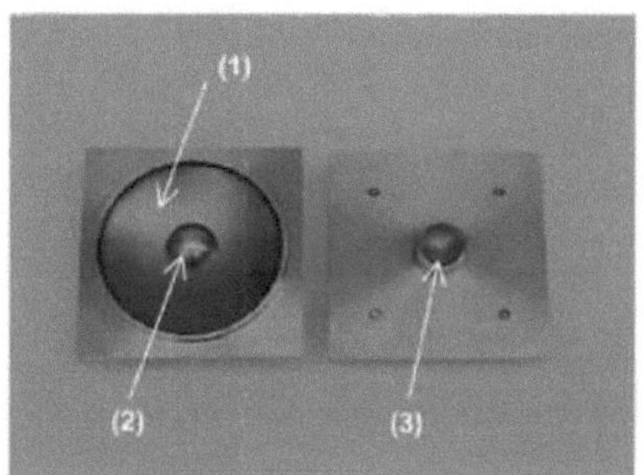

Componentes do VFPI

Fig.3.2 (b) Isolador de pêndulo de frequência variável (VFPI)

A resposta da estrutura com o FPS aumenta para períodos de tempo mais elevados, enquanto a resposta do VFPI é quase independente do período de tempo estrutural. A rigidez instantânea do VFPI (Pranesh e Sinha, 2000) pode ser escrita como:

$$k_b(x) = M\,\omega_b^2(x_b)$$

$$\omega_b^2(x_b) = \frac{\omega_b^2}{(1+r)^2\sqrt{1+2r}}$$

$$r = \frac{r_b\,\mathrm{sgn}(x_b)}{d}$$

$$\omega_b^2 = \frac{gb}{d^2}$$

$$T_i = 2\pi\sqrt{\frac{d^2}{gb}}$$

Em que, $M = m_c + m_i + m_r$ é a massa total efectiva do reservatório de armazenamento de líquido isolado;

$b$ e $d$ = semi-eixo menor e valor inicial do semi-eixo maior (que é maior que zero) da superfície de deslizamento;

$r$ = o parâmetro não dimensional da superfície de deslizamento;

$\omega_b$ = a frequência instantânea do VFPI que depende da geometria da superfície de deslizamento;

$\omega_i$ = frequência inicial do VFPI com deslocamento zero do isolador;

$T_i$ = o período de tempo inicial do VFPI

sgn ($x_b$) é incorporada para manter a simetria da superfície de deslizamento em torno do eixo vertical central. A função de sinal tem um valor de +1 para um valor positivo de deslocamento de deslizamento e -1 para um valor negativo de deslocamento de deslizamento; o rácio $b/d^2$ governa a frequência inicial do isolador. Da mesma forma, o valor de $1/d$ determina a taxa de variação da frequência do isolador, e este fator foi definido como fator de variação da frequência (FVF) (Pranesh e Sinha, 2000). A taxa de diminuição da frequência do isolador é diretamente proporcional ao FVF para uma dada frequência inicial. O valor limite da força de atrito, $s$, a que o sistema de deslizamento pode ser sujeito numa determinada direção, é expresso como

$s = \mu W$

Em que, $\mu$ = o coeficiente de atrito do sistema de deslizamento; e

$W = Mg$ é o peso suportado pelo isolador.

Assim, a modelação do VFPI requer o valor específico dos dois parâmetros, nomeadamente o período de tempo inicial, $Ti$, e o coeficiente de atrito, $\mu$.

## 3.3 Pressupostos

Os vários pressupostos adoptados para o sistema em consideração são os seguintes:

1. As massas de sloshing e impulsivas estão ligadas à parede do tanque por molas equivalentes correspondentes com rigidez *kc* e *ki*, respetivamente, e são calculadas em função das propriedades da parede do tanque e da massa líquida.

2. O peso próprio do reservatório de aço é negligenciado, uma vez que é muito pequeno (menos de 5% do peso efetivo do reservatório). Esta hipótese é válida porque o peso efetivo do reservatório é consideravelmente superior à carga morta do sistema líquido do reservatório.

3. A constante de amortecimento associada ao movimento das massas de arrastamento e impulsivas é expressa pelo rácio de amortecimento assumido.

4. O coeficiente de atrito do VFPI é assumido como sendo independente da velocidade relativa na interface de deslizamento. Este facto baseia-se nas conclusões de que tais efeitos não têm efeitos perceptíveis na resposta de pico do sistema estrutural isolado (Fan *et al.*, 1990).

5. A força de restauração fornecida pelo VFPI é considerada não linear (ou seja, não proporcional ao deslocamento relativo).

6. O sistema é excitado apenas pela componente normal do movimento do solo próximo da falha e a contribuição da componente paralela é ignorada.

7. Assume-se que o cursor do isolador tem um ponto de contacto com a interface de deslizamento.

8. Devido ao isolamento da base, haverá uma redução considerável no deslocamento, pelo que se assume que não ocorre qualquer capotamento ou inclinação na superestrutura durante o deslizamento sobre o VFPI.

## 3.4 Geometria VFPI

Considere-se um bloco rígido de massa $m$ a deslizar sobre uma superfície curva de geometria qualquer, em que $y = f(x)$ representa a superfície de deslizamento do isolador. A origem do eixo de coordenadas está no centro da superfície de deslizamento, onde o deslocamento de deslizamento é nulo. Em qualquer instante, a força de restauração é dada por

$f_R = \mathrm{mgdy/dx}$

Assumindo que esta força de restauração é fornecida por uma mola equivalente, a força da mola pode ser expressa como o produto da rigidez da mola e da deformação da mola. A rigidez da mola, por sua vez, pode ser expressa como o produto da massa e o quadrado da frequência do isolador. Assim,

$f_R = \mathrm{m}\ \omega b^2\ (x)\ x$

em que $\omega_b\ (x)$ pode ser designado por frequência instantânea do isolador, que depende apenas da geometria da superfície de deslizamento. No caso da FPS que tem uma superfície de deslizamento esférica, a frequência do isolador é aproximadamente uma constante e a força de restauração é linear para pequenos deslocamentos de deslizamento. Para grandes deslocamentos de deslizamento, o período de tempo diminui acentuadamente e a força de restauração aumenta. Estas propriedades do FPS foram consideradas responsáveis pela ineficácia do isolador sob excitações de alta intensidade. Para eliminar estas desvantagens, a geometria da superfície de deslizamento no caso do VFPI foi modificada. A sua geometria foi derivada da equação básica de uma elipse, sendo o seu semi-eixo maior uma função linear do deslocamento de deslizamento (Pranesh e Sinha, 2000). A geometria da superfície de deslizamento do VFPI pode ser representada como

$$y = b\left[1 - \frac{\sqrt{d^2 + 2dx\,sgn(x)}}{d + x\,sgn\,(x)}\right]$$

onde $b$ e $d$ são os parâmetros geométricos que definem o perfil da superfície de deslizamento. A função sinal, sgn($x$), foi incorporada para manter a simetria da superfície de deslizamento em torno do eixo vertical central. O declive em qualquer ponto da superfície de deslizamento é dado por

$$\frac{dy}{dx} = \frac{bd}{\left(d + x\,\mathrm{sgn}(x)\right)^2} \frac{1}{\sqrt{d^2 + 2dx\,\mathrm{sgn}(x)}}\, x$$

Definindo $r = x\ \mathrm{sgn}(x)/d$ e a frequência inicial quando $x = 0$ como $\omega^2{}_I = gb/d^2$ , a frequência instantânea pode ser expressa como

$$\omega_b{}^2\left(x\right) = \frac{\omega^2 I}{\left(1 + r\right)^2 \sqrt{1 + 2r}}$$

Nas equações acima, os parâmetros $b$ e $d$ definem completamente as propriedades do isolador. O rácio $b/d^2$ decide a frequência inicial do isolador e o valor de $d$ decide a taxa de variação da frequência do isolador. Assim, o fator $1/d$ é designado por fator de variação da frequência (FVF). A taxa de variação da frequência do isolador com o deslocamento de deslizamento é diretamente proporcional ao FVF.

As propriedades do VFPI são apresentadas na Fig. 3.3 para dois valores de FVF mas com a mesma frequência inicial. As propriedades do FPS com frequência igual à frequência inicial do VFPI também são apresentadas para comparação. Observa-se que o VFPI tem duas caraterísticas distintivas que o tornam mais eficaz do que os outros isoladores de tipo fricção: (1) a frequência do isolador diminui com o aumento do deslocamento de deslizamento, de modo a proporcionar uma separação de frequências entre a estrutura e a excitação (Fig. 3.3 (b)) e (2) a força de restauração do isolador tem um mecanismo de amolecimento para grandes deslocamentos de deslizamento, o que limita a força máxima que é transmitida à estrutura durante níveis elevados de excitação, proporcionando assim um mecanismo à prova de falhas (Fig. 3.3 (c)) (Pranesh e Sinha, 2000, 2002). A taxa de variação da frequência pode ser controlada através da escolha de parâmetros geométricos adequados. O deslocamento vertical é limitado pelo valor *b*, que só é atingido no infinito. A Fig. 3.3 (a) **mostra** uma comparação do perfil da superfície de deslizamento do VFPI e do FPS, na qual se pode ver claramente que o deslocamento vertical no VFPI é menor do que no FPS.

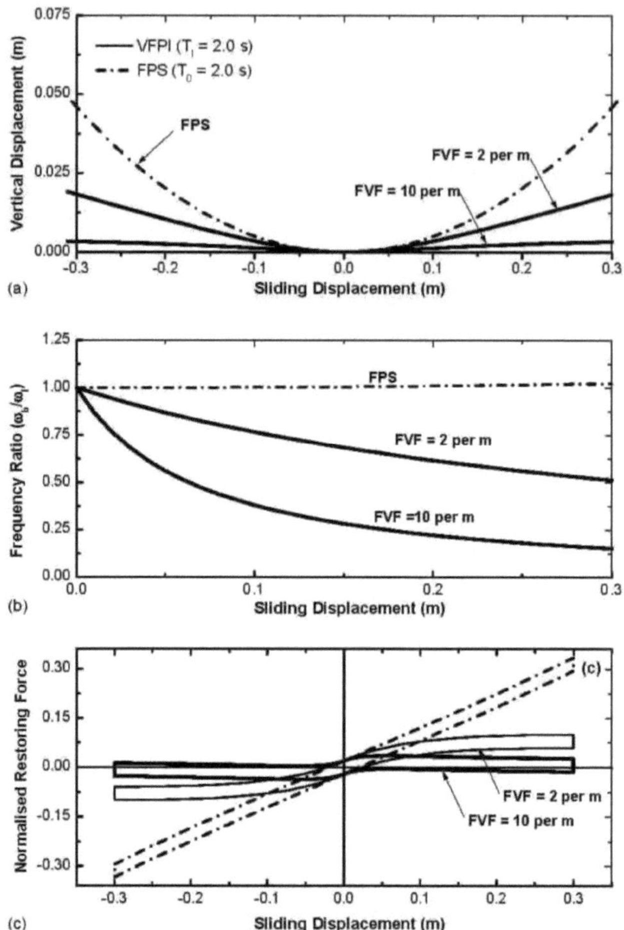


Fig.3.3. Propriedades de VFPI e FPS para diferentes parâmetros geométricos ($\mu = 0{,}05$, $T_{\mathrm{i}} = 2{,}0$ s): (a) perfil da superfície de deslizamento, (b) variação de frequência e (c) curvas de histerese.

## 3.5 Mecanismo de estabilidade para rolamento elastomérico e isolador de pêndulo de frequência variável

O mecanismo de estabilidade do cilindro é apresentado na figura 3.4 para os rolamentos elastoméricos e de pêndulo de fricção. Na figura, P representa a carga vertical e H a força de corte aplicada a meia altura do provete, Δ o deslocamento total do cilindro, O1 e O2 as forças verticais aplicadas pelos actuadores dos estabilizadores, V1 e V2 as forças verticais aplicadas pelos rolamentos deslizantes montados por baixo do cilindro e W o peso total do cilindro, do provete e dos actuadores dos estabilizadores. Por simplicidade, o modelo é aqui reduzido a um sistema 2-D. No entanto, a resposta do cilindro foi analisada com um modelo de elementos finitos 3-D que permitiu a aplicação de várias combinações críticas de cargas e deslocamentos. Os dois tipos de dispositivos de isolamento apresentam diferenças substanciais em termos de forças transferidas. Devido à sua capacidade de suportar momentos de cisalhamento e de extremidade, eles introduzem um grande momento de tombamento no cilindro. Esta contribuição é, como mostra a Figura 3.4,

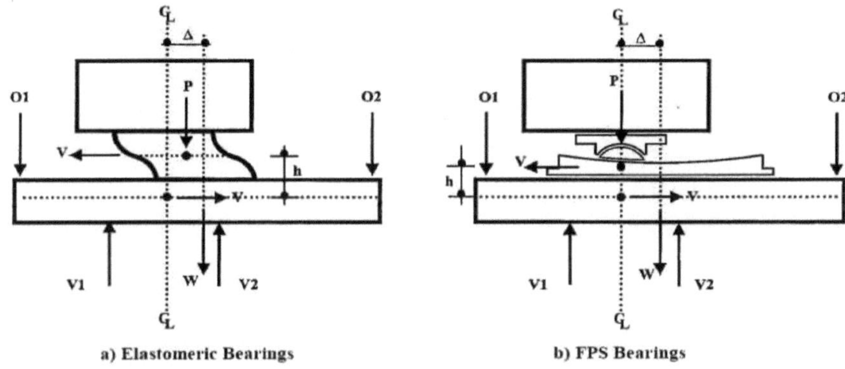


Fig.3.4 Modelos de estabilidade da placa

aumentando com o tamanho do provete. Quando ocorrem deslocações, são transferidos momentos adicionais para o cilindro. Devido ao efeito P-Δ, a carga vertical aplicada P introduz um momento com a mesma direção do que o devido às forças horizontais.

Os efeitos opostos são exercidos, neste caso, pelo peso próprio da placa e pela excentricidade da carga vertical em relação ao centro dos rolamentos deslizantes (linha central da máquina). Os restantes componentes de força têm de ser equilibrados pelas acções exercidas pelos actuadores verticais instalados (V, O). Várias combinações de cargas analisadas mostraram a dificuldade de estabelecer uma regra geral para a componente da força que governa o mecanismo de estabilização. A carga axial P representa a principal razão para a instabilidade em deslocamentos significativos, enquanto o cisalhamento horizontal governa para cursos limitados. O efeito de equilíbrio dos actuadores deslizantes depende das proporções entre as forças externas aplicadas e o deslocamento. Em várias condições, apenas os actuadores de um lado do cilindro estão activos (sob força de "compressão") enquanto os outros estão a seguir a posição deslocada do cilindro sem fornecer qualquer contribuição de força.

Um pouco diferente é o mecanismo de estabilidade dos rolamentos pendulares de fricção. A principal razão é o baixo coeficiente de atrito entre os componentes móveis, o que resulta num momento de viragem reduzido para o prato.

Além disso, devido à configuração articulada da VFPI, a carga vertical aplicada permanece sempre alinhada com a resultante das acções introduzidas pelos apoios hidrostáticos verticais. Esta condição elimina o momento de derrube devido ao efeito P-Δ. Por vezes, a ocorrência de uma elevação produziu uma instabilidade temporária num ou mais ciclos de histerese de apoios, mas este foi um efeito localizado que foi equilibrado pelos outros apoios e não conduziu a uma instabilidade global.

Para minimizar os efeitos do derrube, os investigadores desenvolveram e testaram vários mecanismos de contenção da elevação ou mecanismos que transportam tensão. Roussis (Study on the effect of uplift-restraint on the seismic response) faz uma análise exaustiva dos mecanismos de contenção da elevação estudados até à data. A contenção da elevação tem sido assegurada por um mecanismo independente do dispositivo de isolamento. Por exemplo, a fixação efectiva da estrutura através de braços de aço interligados ligados à estrutura e à fundação (Study on the effect of uplift-restraint on the seismic response). Foi proposto e ensaiado um dispositivo de contenção da elevação incorporado no furo central de um rolamento elastomérico anular. (Kelly, J.M.; Griffith, M.C.) A restrição consistia em parafusos de alta resistência contidos numa manga, em que os parafusos eram pormenorizados para permitir o deslizamento vertical. O dispositivo podia engatar em tensão e/ou durante grandes deslocações horizontais para atuar como um limitador de deslocação à prova de falhas. A restrição horizontal-vertical combinada proporcionou uma funcionalidade melhorada ao isolador, mas acabou por limitar as deslocações horizontais que podiam ser acomodadas. Nagarajaiah ensaiou uma proteção contra a elevação para um isolador de deslizamento plano ou FP. A restrição era fornecida por braços em forma de L que se estendiam e engatavam na parte inferior do isolador em dois lados. A utilização de tendões de pré-tensão foi avaliada por Kasalanati e Constantinou. Outra solução é a chumaceira XY-FP com capacidade de tensão mencionada por Roussis, que foi implementada em várias aplicações. O dispositivo de tensão, referido como isolador "XY-FP", consiste em duas calhas de deslizamento côncavas ortogonais ligadas através de um dispositivo de deslizamento que une as calhas na direção vertical, permitindo o desenvolvimento de forças de tração na chumaceira. O isolador XY-FP oferece uma resistência única à elevação e uma resposta bidirecional desacoplada devido às calhas ortogonais separadas.

Uma solução prática alternativa consiste em associar rolamentos elastoméricos a rolamentos lineares cruzados resistentes à tração (Toniolo). Os rolamentos lineares cruzados, desenvolvidos em são essencialmente deslizadores de baixa fricção que utilizam um mecanismo de carril duplo para resistência à tração. O coeficiente de atrito no rolamento linear cruzado é minimizado pela utilização de guias lineares com tecnologia de esferas recirculantes.

# Capítulo 4

# Modelo estrutural do tanque de armazenamento de líquidos

## 4.1 Modelo estrutural do depósito de armazenamento de líquidos isolado por um rolamento elastomérico linear

Durante a excitação, toda a massa líquida vibra em três padrões distintos, tais como

- Sloshing ou massa convectiva (isto é, massa líquida superior que altera a superfície livre do líquido).
- Massa impulsiva (massa líquida intermédia que vibra juntamente com a parede do tanque).
- Massa rígida (ou seja, a massa líquida inferior que se move rigidamente com a parede do tanque) ou seja, a massa líquida inferior que se desloca rigidamente com a parede do reservatório

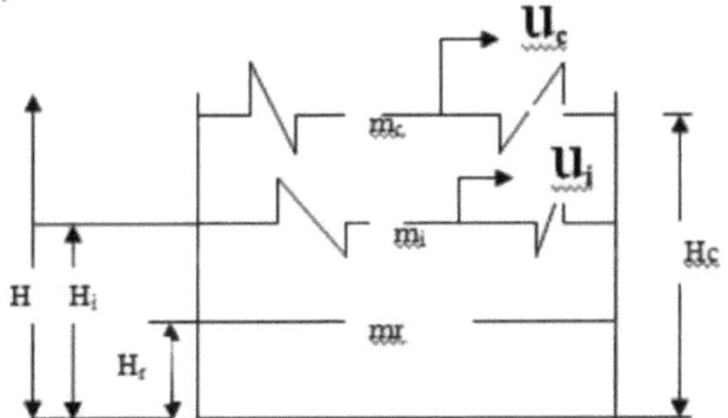


Fig. 4.1.1 Modelo estrutural de um reservatório de aço para armazenamento de líquidos Onde,

H - Altura do contentor

$m_c$ ,Hc - Massa e altura da massa convectiva

$m_i$ ,Hi - Massa e altura da massa impulsiva

$m_r$ ,Hr - Massa e altura da massa rígida

A Fig. 4.1 (a) apresenta um modelo estrutural de um reservatório cilíndrico de armazenagem de líquidos montado numa estrutura de torre de aço, que é fixada ao solo

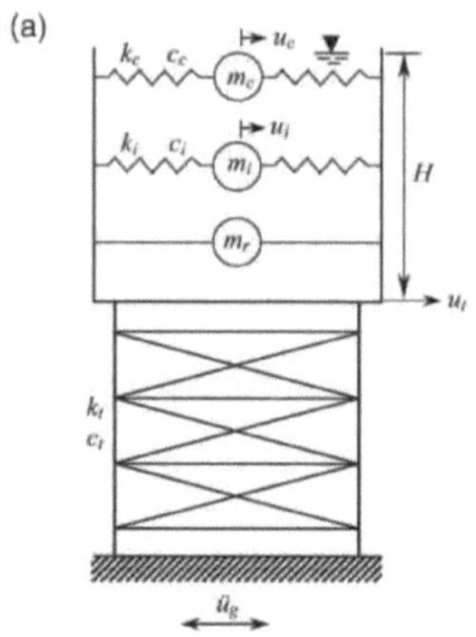


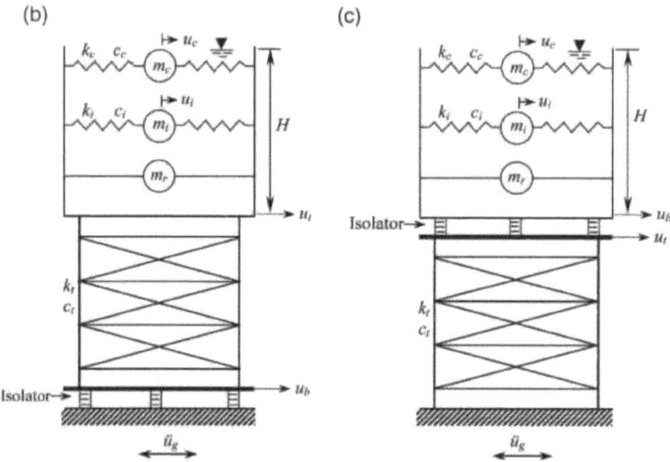


Fig. 4.1 Modelo estrutural de um reservatório elevado de aço para armazenamento de líquidos: (a) não isolado, (b) com isolamento no fundo (modelo isolado-I) e com isolamento no topo (modelo isolado-II).

O sistema de suporte do reservatório de líquido considerado é do tipo colunar (i.e. estrutura em torre). A massa contínua de líquido é agrupada em massas de arrastamento, impulsivas e rígidas, designadas por $m_c$ , $m_i$ e $m_r$ , respetivamente. As massas sloshing e impulsiva estão ligadas à parede do tanque por molas equivalentes correspondentes com constantes de rigidez $k_c$ e $k_i$ , respetivamente. As constantes de amortecimento das massas de sloshing e impulsiva são $c_c$ e $c_i$ , respetivamente. A cisterna tem três graus de liberdade sob excitação unidirecional: $u_c$ , $u_i$ e ut, que representam os deslocamentos absolutos da massa de sloshing, da massa impulsiva e da deriva da torre, respetivamente. O reservatório elevado é isolado por duas técnicas, nomeadamente, colocando os rolamentos entre a base da estrutura da torre e a fundação (referido como modelo isolado-I, como se mostra na Fig. 4.1(b)) e colocando os rolamentos entre o fundo do reservatório de líquido e o topo da estrutura da torre (referido como modelo isolado-II, como se mostra na Fig. 4.1(c)).

Devido à introdução do sistema de isolamento, o reservatório tem um grau de liberdade adicional que corresponde à deformação no sistema de isolamento e é denotado por $u_b$ . O sistema de isolamento considerado é constituído por apoios de borracha laminada com camadas alternadas de aço e borracha. A presença de placas de aço nos apoios de isolamento torna-os rígidos na direção vertical. O comportamento força-deformação das chumaceiras é considerado linear com amortecimento viscoso. A influência da elevação e do balanço não é considerada na avaliação da resposta dos tanques isolados sob excitação sísmica. O peso próprio da estrutura da torre de aço e da massa da base (ou seja, a massa da placa de base) é assumido como 10 e 5% da massa líquida, respetivamente.

Os parâmetros geométricos dos reservatórios considerados são a altura do líquido, *H*, o raio, *R* e a espessura média da parede do reservatório, th. Os parâmetros não-dimensionais $Y_c$ , $Y_i$ , $Y_r$ e *P* são funções do rácio de aspeto do tanque, *S*, que são expressos na Ref. (Haron, 1983) por

$$\begin{Bmatrix} Y_c \\ Y_i \\ Y_r \\ P \end{Bmatrix} = \begin{bmatrix} 1.01327 & -0.8757 & 0.35708 & 0.06692 & 0.00439 \\ -0.15467 & 1.21716 & -0.62839 & 0.14434 & -0.0125 \\ -0.01599 & 0.86356 & -0.30941 & 0.04083 & 0 \\ 0.037085 & 0.084302 & -0.05088 & 0.012523 & -0.0012 \end{bmatrix} \begin{Bmatrix} 1 \\ S \\ S^2 \\ S^3 \\ S^4 \end{Bmatrix}$$

em que $S = H/R$ é o rácio de aspeto (ou seja, o rácio entre a altura do líquido e o raio do tanque) e $Y=$ $Y_i$ , e $Y_r$ são os rácios de massa definidos de acordo com Haroun MA.

$$Y_c = m_c / m$$

$$Y_i = m_i / m$$

$$Y_r = m_r / m$$

$$m = \pi R^2 H \rho_w$$

Onde $p_w$ é a densidade de massa do líquido.

Os centróides das massas equivalentes $m_c$ , $m_i$ , $m_r$ estão a uma altura Hc, Hi, Hr do fundo do tanque, como abaixo indicado.

$$\begin{Bmatrix} \mu_c \\ \mu_i \\ \mu_r \end{Bmatrix} = \begin{bmatrix} 0.5241 & -0.10792 & 0.33958 & -0.19357 & 0.04791 & -0.0045 \\ 0.44086 & -0.11972 & 0.16752 & -0.06089 & 0.00751 & 0 \\ 0.44233 & -0.08445 & 0.07916 & -0.02677 & 0.00326 & 0 \end{bmatrix} \begin{Bmatrix} 1 \\ S \\ S^2 \\ S^3 \\ S^4 \\ S^5 \end{Bmatrix}$$

As alturas efectivas Hc, Hi, Hr em termos da altura do líquido, H, são expressas como

$$Hc = \mu c\ H$$
$$Hi = \mu i\ H$$
$$Hr = \mu r\ H$$

As frequências naturais da massa sloshing, $\omega_c$ e da massa impulsiva, $\omega_i$ são dadas pela seguinte expressão como,

$$\omega_i = P/H\ \sqrt{E/\rho_S}$$

$$\omega_c = \sqrt{1.84\ (g/R)\ \tanh(1.84\ S)}$$

Onde $E$ e $p_s$ são o módulo de elasticidade e a densidade da parede do tanque, respetivamente; g é a aceleração devida à gravidade.

A rigidez e o amortecimento equivalentes das massas de arrastamento e impulsivas são expressos como

$$k_c = m_c\ \omega_c^2$$

$$k_i = m_i\ \omega_i^2$$

$$Cc = 2\ \xi_c\ m_c\ \omega_c$$

$$C_i = 2\ \xi_i\ m_i\ \omega_i$$

Em que $\xi_c$ e $\xi_i$ são o rácio de amortecimento da massa de sloshing e da massa impulsiva, respetivamente.

## 4. 2Modelo estrutural do depósito de armazenamento de líquidos isolado por VFPI

O VFPI é instalado entre a base e a fundação do tanque. O líquido contido é considerado incompressível, inviscid e tem um fluxo irrotacional. Durante a excitação da base, toda a massa líquida do reservatório vibra em três padrões distintos: sloshing ou massa convectiva (i.e., massa líquida superior que altera a superfície livre do líquido), massa impulsiva (i.e., massa líquida intermédia que vibra juntamente com a parede do reservatório) e massa rígida (i.e., a massa líquida inferior que se move rigidamente com a parede do reservatório). Existem vários modos de vibração das massas sloshing e impulsiva, mas a resposta pode ser prevista considerando o primeiro modo sloshing e o primeiro modo impulsivo, conforme observado experimentalmente por Kim e Lee (1995) e numericamente por Malhotra (1997b). Por conseguinte, o líquido contínuo é modelado por massas fixas, como sugerido por Haroun (1983), com um tanque flexível. As massas fixas sloshing, impulsivas e rígidas são denotadas por $m_c$ , $m_i$ , e $m_r$ , respetivamente. Assim, o sistema de tanque isolado da base tem três graus de liberdade sob excitação sísmica uni-direcional. Estes graus de liberdade são denotados por $u_c$ , $u_i$ , e $m_b$ que denotam o deslocamento absoluto das massas sloshing, impulsiva e rígida, respetivamente.

Este facto baseia-se nas conclusões de que o deslocamento máximo resultante do isolador se deve principalmente à componente normal dos movimentos de solo próximos da falha (Jangid e Kelly, 2001; Rao e Jangid, 2001; Jadhav e Jangid, 2006).

As massas de sloshing, impulsivas e rígidas em termos de massa de líquido, $m$, são expressas como:

$$m_c = Y_c m$$
$$m_i = Y_i m$$
$$m_r = Y_r m$$
$$m = \pi R^2 H \rho_w$$

Onde, $p_w$ = densidade de massa do líquido do tanque;

$Y_c$ , $Y_i$ e $Y_r$ = rácios de massa que são função da espessura média da parede do reservatório, th

S= relação de aspeto H/R do reservatório,

H = altura do líquido; e

R= raio do reservatório.

Para th/R = 0,004, as várias razões de massa são expressas (Haroun, 1983) como:

$$Y_c = 1.01327 - 0.87578\ S + 0.35708\ S^2 - 0.06692\ S^3 + 0.00439\ S^4$$
$$Y_i = -\ 0.15467 + 1.2171\ S - 0.62839\ S^{2+}\ 0.14434\ S^3 - 0.0125\ S^4$$
$$Y_r = -\ 0.01599 + 0.86356\ S - 0.30941\ S^2 + 0.04083\ S^3$$

$\omega_i$ = frequência da massa impulsiva, e

$\omega_c$ = frequência da massa do sloshing

são dadas pelas seguintes expressões

$$\omega_i = P / H \sqrt{E/\rho_s}$$

$$\omega_c = \sqrt{1.84\ (g/R)\ \tanh\ (1.84\ S)}$$

Onde, $E$ = o módulo de elasticidade,

$\rho_s$ = densidade da parede do tanque,

$g$ = a aceleração devida à gravidade; e

P = parâmetro sem dimensão expresso como:

$$P = 0.037085 + 0.084302S - 0.05088S^2 + 0.012523S^3 - 0.0012S^4$$

A rigidez e o amortecimento equivalentes das massas de arrastamento e impulsivas são expressos como

$$k_c = m_c\, \omega_c^2$$

$$k_i = m_i\, \omega_i^2$$

$$Cc = 2\, \xi_c\, m_c\, \omega_c$$

$$C_i = 2\, \xi_i\, m_i\, \omega_i$$

Em que, $\xi_c$ = rácio de amortecimento da massa de arrasto, e

$_i$ = $\xi$rácio de amortecimento da massa impulsiva

# Capítulo 5

# Equações de movimento governantes

A equação de movimento do tanque elevado de armazenamento de líquidos sujeito ao movimento sísmico unidirecional do solo é expressa na forma matricial como

$$[m]\{x\} + [c]\{x\} + [k]\{x\} = -[m]\{r\}ug$$

Onde, $\{x\}$ = vetor de deslocamento

$[m]$ = matriz de massa do sistema

$[c]$ = matriz de amortecimento do sistema

$[k]$ = matriz de rigidez do sistema

$\{r\}$= vetor do coeficiente de influência

## 5.1 Para reservatório não isolado

O vetor de deslocamentos para o reservatório não isolado é dado por $\{x\} = \{x_c , x_i , x \}_t^T$ ; $x_c = u_c - u_t$ é o deslocamento relativo da massa de sloshing , $x_, = u_i - u_t$ é o deslocamento relativo da massa impulsiva; $x_s = u_t - u_g$ é o deslocamento da torre em relação ao solo (i. e. deriva da torre).As matrizes $[m]$,$[c]$,$[k]$ e o vetor {r} para o tanque não isolado são expressos como

$$[m] = \begin{bmatrix} m_c & 0 & m_c \\ 0 & m_i & m_i \\ m_c & m_i & M + m_b \end{bmatrix}$$

$$[c] = \text{diag}\,[c_c, c_i, c_t]$$

$$[k] = \text{diag}\,[k_c, k_i, k_t]$$

$$\{r\} = \{0, 0, 1\}^T$$

Onde $M = m_c + m_i + m_r$ é a massa efectiva do tanque e $mb$ é igual a 0,05m.

A rigidez $K_t$ e o amortecimento, $C_t$ da estrutura da torre baseiam-se no pressuposto de um sistema equivalente de grau de liberdade único, que é definido como,

$$k_t = (2\pi/T_t)^2\,(M + 0.05m)$$

$$c_t = 2\xi_t\,(M + 0.05m)\,\omega_t$$

Onde, $T_t$ = período de tempo da estrutura da torre

$_t$ = ξrácio de amortecimento da estrutura da torre

## 5.2 Isolado pelo rolamento elastomérico linear

### 5.2.1Modelo isolado - I

O vetor de deslocamentos para o modelo-I isolado é dado por $\{x\} = \{x_c , x_i , x_t , x_b \}^T$ ; $x_c = u_c - u_t$ é o deslocamento relativo da massa de sloshing , $x_i = u_i - u_t$ é o deslocamento relativo da massa impulsiva; $x_s = u_t - u_b$ *é o deslocamento da torre em relação ao solo (i. e. d*eriva da torre) e x = u - u é o deslocamento relativo da sustentação.ou seja, a deriva da torre) e $x_b = u_b - u_g$ é o deslocamento relativo do rolamento. As matrizes [*m*], [*c*], [*k*] e o vetor {r} para o tanque não isolado são expressos como

$$[m] = \begin{bmatrix} m_c & 0 & m_c & m_c \\ 0 & m_i & m_i & m_i \\ m_c & m_i & M+m_b & M+m_b \\ m_c & m_i & M+m_b & M+3m_b \end{bmatrix}$$

$$[c] = \text{diag}\,[c_c, c_i, c_b, c_t]$$

$$[k] = \text{diag}\,[k_c, k_i, k_b, k_t]$$

$$\{r\} = \{0, 0, 0, 1\}^T$$

A rigidez $K_b$ e o amortecimento, $C_b$ do isolamento são definidos como,

$$k_b = (2\pi/T_t)^2 (M + 0.15m)$$

$$c_b = 2\xi_b (M + 0.15m)\, \omega_b$$

Onde, $T_b$ = período de tempo do sistema de isolamento

$_b$ ξ= rácio de amortecimento do sistema de isolamento

$\omega_b$ = frequência de isolamento

### 5.2.2Modelo isolado-II

Do mesmo modo, o vetor de deslocamentos para o modelo-II isolado é dado por $\{x\} = \{x_c , x_i , x_b , x_t \}^T$ ; $x_c = u_c - u_b$ é o deslocamento relativo da massa de sloshing , $x_i = u_i - u_b$ é o deslocamento relativo da massa impulsiva; $x_b = u_b - u_t$ é o deslocamento relativo do rolamento e $xs = ut - ug$ é o deslocamento relativo da torre. As matrizes [*m*], [*c*], [*k*] e o vetor {r} são expressos como

$$[m] = \begin{bmatrix} m_c & 0 & m_c & m_c \\ 0 & m_i & m_i & m_i \\ m_c & m_i & M & M \\ m_c & m_i & M & M + 2m_b \end{bmatrix}$$

$$[c] = \text{diag}\,[c_c, c_i, c_b, c_t]$$

$$[k] = \text{diag}\,[k_c, k_i, k_b, k_t]$$

$$\{r\} = \{0, 0, 0, 1\}^T$$

A rigidez e o amortecimento do sistema de isolamento e da estrutura da torre são expressos como

$$k_t = (2\pi/T_t)^2 (M + 0.1m)$$

$$k_b = (2\pi/T_b)^2 M$$

$$c_t = 2\xi_t (M + 0.1m)\,\omega_t$$

$$c_b = 2\xi_b M\,\omega_b$$

*Uma vez que o nível de amortecimento do isolador, da torre metálica de suporte e do líquido em vibração é muito diferente, as equações de movimento do reservatório elevado de armazenamento de líquidos isolado não podem ser resolvidas utilizando a técnica clássica de sobreposição modal. Em alternativa, as equações do* movimento são resolvidas na forma incremental utilizando *o método* passo a passo de Newmark, *assumindo uma* variação linear da aceleração num pequeno intervalo de tempo,$\Delta t$ (Anexo B). Após a obtenção do vetor de aceleração, calcula-se o cisalhamento da base, que é diretamente proporcional às forças sísmicas transmitidas ao tanque e é expresso como

$$F_b = m_c u_c + m_i u_i + (m_r + 0.05\,m)\,u_t \qquad \text{(for non-isolated model)}$$

$$F_b = m_c u_c + m_i u_i + (m_r + 0.05m)u_t + 2m_b u_b \qquad \text{(for isolated model - I)}$$

$$F_b = m_c u_c + m_i u_i + m_r u_b + 0.05m)u_t + 2m_b u_t \qquad \text{(for isolated model - II)}$$

## 5.3 Isolado por VFPI

As equações do movimento do tanque de armazenamento de líquido isolado sujeito ao movimento do solo são expressas na forma matricial como

$$[M]\{ r \} + [C]\{ x \} + [K]\{ x \} + \{F\} = -[M]\{ r \}u_g$$

Em que, $\{x\} = \{x_c , x_i , x \}_b^T$ são vectores de deslocação relativa, e

$\{F\} = \{0, 0, Fx\}^T$ são os vectores da força de atrito,

$x_c = u_c - u_b$ é o deslocamento da massa do sloshing em relação ao deslocamento do rolamento;

$x_i = u_i - u_b$ é o deslocamento da massa impulsiva relativamente ao deslocamento do rolamento;

$x_b = u_b - u_g$ é o deslocamento da chumaceira em relação ao solo;

$[M]$, $[C]$, e $[K]$ = as matrizes de massa, amortecimento e rigidez do sistema,

$\{r\}$= o vetor do coeficiente de influência;

$x$ = a força de atrito mobilizada no isolador;

$\ddot{x}_g$ = a aceleração sísmica do solo;

$T$ = transposição; e os pontos em excesso indicam a derivada em relação ao tempo.

As equações do movimento que regem o acoplamento dos tanques de aço isolados na base para armazenamento de líquidos não podem ser resolvidas utilizando a técnica clássica de sobreposição modal devido ao comportamento não linear da força de deformação do VFPI. Consequentemente, as equações do movimento são resolvidas de forma incremental utilizando o método passo-a-passo de Newmark, assumindo uma variação linear da aceleração ao longo de um pequeno intervalo de tempo, $\Delta t$. O sistema permanece na fase de não deslizamento $(\dot{x}_b = \ddot{x}_b = 0)$, se a força de atrito mobilizada na interface do VFPI for inferior à força de atrito limite (ou seja, $|F_x| < F_s$). No entanto, o sistema começa a deslizar $(\dot{x}_b \neq \ddot{x}_b \neq 0)$, assim que a força de atrito atinge a força de atrito limite (ou seja, $|F_x| = F_s$).

Devido ao comportamento altamente não linear do sistema, seleciona-se um intervalo de tempo muito pequeno, da ordem dos 0,0001 segundos, de modo a que seja pelo menos um centésimo do período impulsivo do tanque de armazenamento de líquido. Para parar as iterações de Newmark em cada passo de tempo, é selecionado o seguinte critério de convergência

$$\text{Relative error} = \frac{|(\Delta x)j+1| - |(\Delta x)j|}{|(\Delta x)j|} \leq \varepsilon$$

em que $\Delta x$ é o deslocamento relativo incremental; $j$ é o número de iteração; e $\varepsilon$ é um pequeno parâmetro de limiar. O parâmetro de convergência $\varepsilon$ é tomado como 10-5 em cada passo de tempo.

# Capítulo 6

# Estudo numérico

## 6.1 Tanque de armazenamento de líquidos Isolado pelo rolamento elastomérico linear

A resposta sísmica de tanques de aço isolados elevados para armazenamento de líquidos, nomeadamente tanques delgados e largos, é investigada. As propriedades destes tanques são as seguintes (i) o rácio de aspeto, *S*, para os tanques delgados e largos é de 1,85 e 0,6, respetivamente, (ii) a altura, *H*, da água enchida nos tanques delgados e largos é de 10 m e (iii) o rácio entre a espessura da parede do tanque e o seu raio é de 0,004 para ambos os tanques. As frequências naturais do sloshing e da massa impulsiva são 0,148 e 5,757 Hz (para o tanque largo) e 0,291 e 6,738 *Hz* (para o tanque delgado). A parede do tanque é considerada de aço com módulo de elasticidade, $E$ = 200 MPa e densidade de massa, $\rho s$ = 7900 kg/m3. A resposta sísmica do reservatório isolado é investigada para dois modelos de reservatório (i.e. modelos I e II).

## 6.2 Depósito de armazenamento de líquidos Isolado por VFPI

No estudo, é investigada a resposta sísmica de tanques de aço para armazenamento de líquidos isolados com o VFPI. Para um estudo paramétrico comparativo e detalhado, são considerados dois tipos diferentes de reservatórios, nomeadamente os reservatórios largos e os reservatórios delgados. O isolador VFPI foi concebido para fornecer os valores específicos de dois parâmetros, nomeadamente $T_i$ e $\mu$, com base no parâmetro *M.* A gama prática de FVF recomendada por Pranesh e Sinha (2000) é de 3 a 10 por m (i.No presente estudo, o valor de *d* é de 5 por m (i.e. *d*=*0*.2m). Os parâmetros do VFPI são selecionados como $b$ = 0.04 m e $d$ = 0.2 m (FVF 5 por m) para que tenha um período de tempo inicial de 2.0 seg. É selecionado o coeficiente de atrito de deslizamento de 0,05. Os parâmetros do tanque, tais como o rácio de amortecimento da massa convectiva, $\xi_c$ e a massa impulsiva, $\xi_i$ são tomados como 0,5 e 2%, respetivamente.

As grandezas de resposta de interesse são o cisalhamento de base (medido no fundo do nível da fundação da estrutura), $F_b$ /W (W = Mg), o deslocamento de sloshing ($x_c$ ), a deriva da estrutura da torre ($x_s$ ) e o deslocamento no topo da interface dos rolamentos de isolamento ($x_b$ ). Para o estudo, os componentes dos movimentos de terra do sismo de Imperial Valley (1940) (Anexo B) são utilizados para investigar a resposta do reservatório.

## 6.3 Estudo comparativo das respostas de pico:

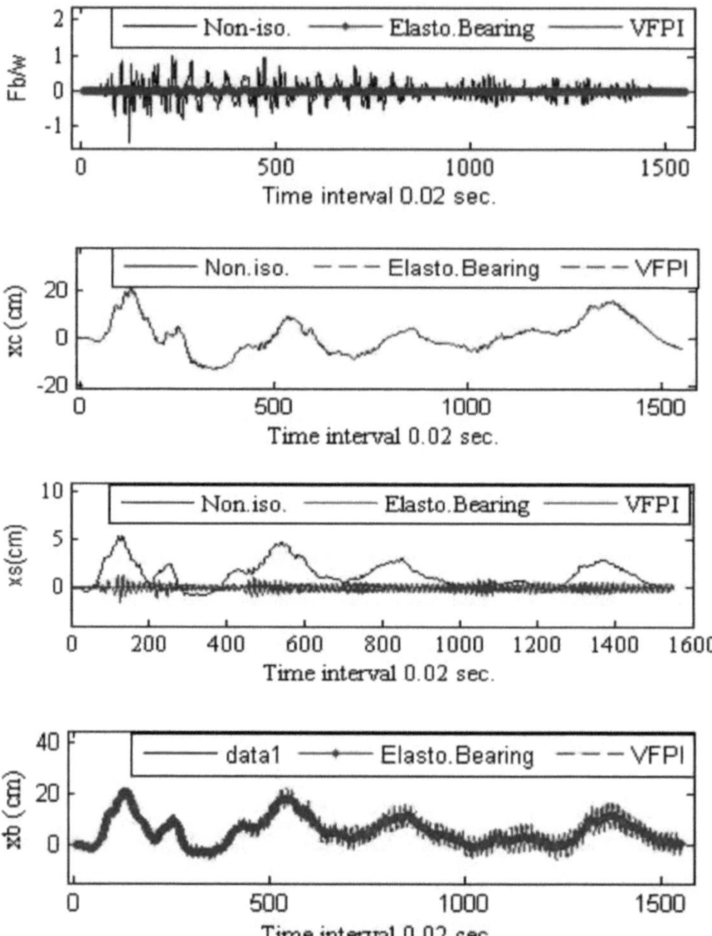


**Fig.6.1 Variação temporal do tanque esbelto (Modelo I) sob o terramoto de Imperial Valley, 1940**

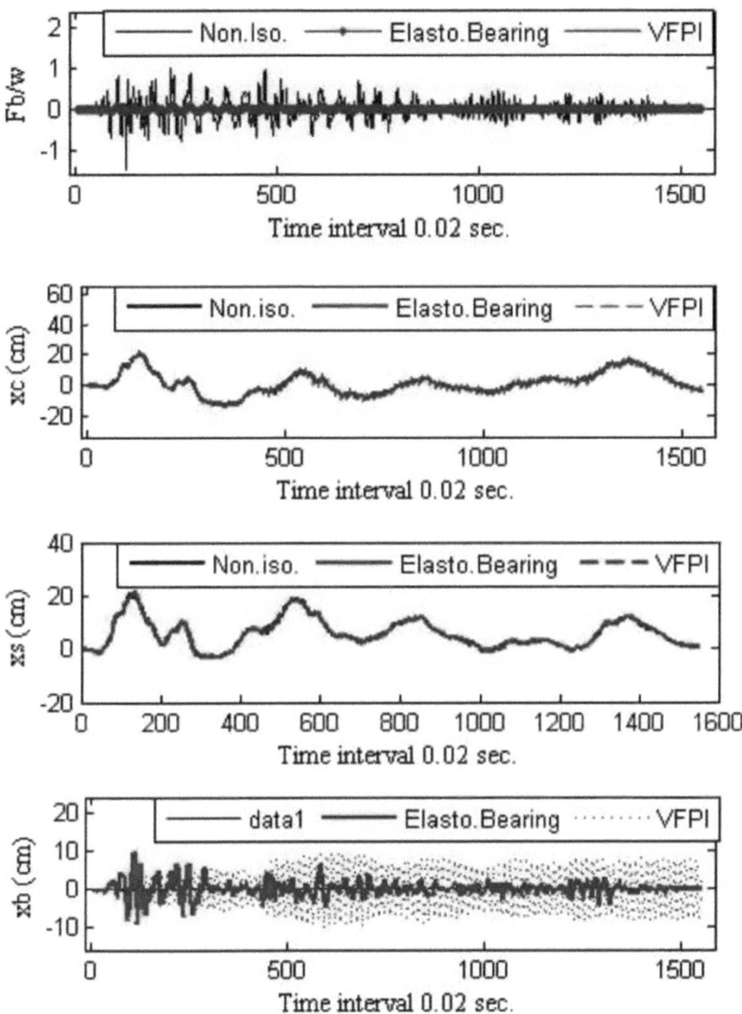


**Fig. 6.2 Variação temporal do tanque esbelto (Modelo II) sob o terramoto de Imperial Valley, 1940**

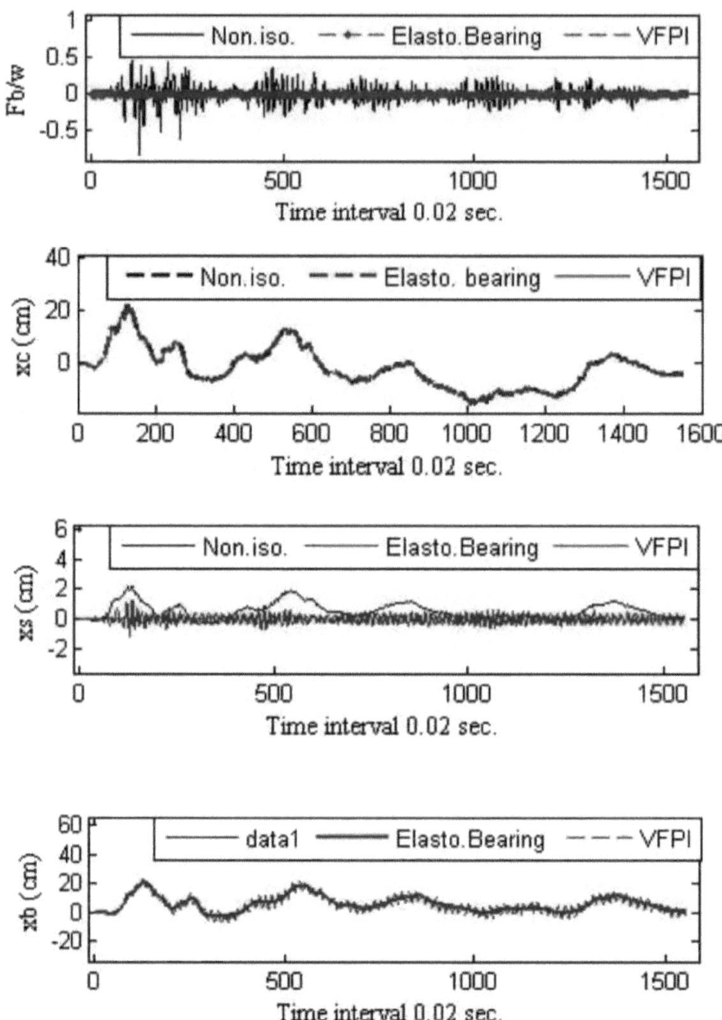


**Fig. 6.3 Variação temporal da cisterna larga (Modelo I) no sismo de 1940 em Imperial Valley**

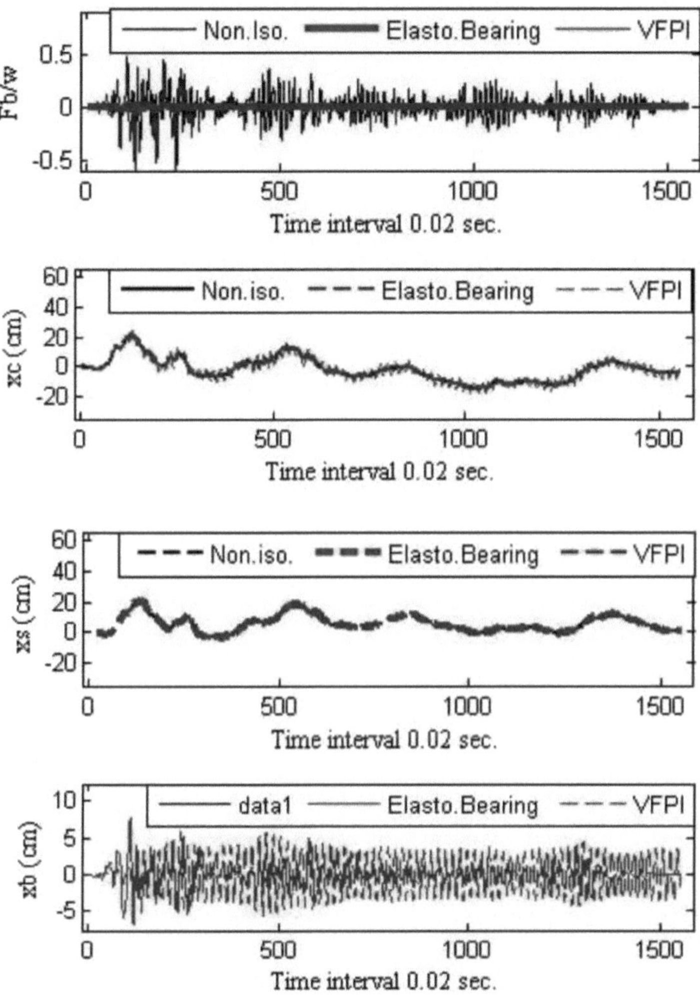


**Fig. 6.4 Variação temporal da cisterna larga (Modelo II) no sismo de 1940 em Imperial Valley**

## 6.3.1Resposta de pico de um tanque de armazenamento de líquidos Slender elevado:

Tabela 6.1: Resposta de pico do tanque de armazenamento de líquido esbelto elevado isolado por rolamento elastomérico ($T_b = 2$ s, $\xi_b = 0,1$, $T_t = 0,5$ s.)

| **Tipo de tanque** | **F /$W_b$** | **$x_c$ (cm)** | **$x_s$ (cm)** | **$x_b$ (cm)** |
|---|---|---|---|---|
| Não isolado | 1.00 | 23 | 5.4 | - |

| Fig.4.1(a) | | | | |
|---|---|---|---|---|
| Modelo isolado I Fig.4.1(b) | 0.12 | 45 | 1.25 | 10.5 |
| Modelo isolado II Fig.4.1(c) | 0.09 | 42 | 0.64 | 10.0 |

Tabela 6. 2: Resposta de pico do tanque de armazenamento de líquido esbelto elevado isolado por VFPI (*Ti=2s*, μ = 0,05 )

| **Tipo de tanque** | **F /W$_b$** | $x_c$ **(cm)** | $x_s$ **(cm)** | $x_b$ **(cm)** |
|---|---|---|---|---|
| Não isolado Fig.4.1(a) | - | - | - | - |
| Modelo isolado I Fig.4.1(b) | 0.13 | 45 | 0.5 | 11.5 |
| Modelo isolado II Fig.4.1(c) | 0.17 | 46 | 0.64 | 9.8 |

## 6.3.2 Resposta de pico de um tanque elevado de armazenamento de líquidos de grande dimensão:

Tabela 6.3: Resposta de pico do tanque de armazenamento de líquidos largo elevado isolado por rolamento elastomérico ($T_b$ = 2 s, $\xi_b$ = 0,1, $T_t$ = 0,5 s.)

| **Tipo de tanque** | **F /W$_b$** | $x_c$ **(cm)** | $x_s$ **(cm)** | $x_b$ **(cm)** |
|---|---|---|---|---|
| Não isolado Fig.4.1(a) | 0.480 | 23.000 | 2.200 | - |
| Modelo isolado I Fig.4.1(b) | 0.050 | 22.500 | 1.230 | 8.500 |
| Modelo isolado II Fig.4.1(c) | 0.040 | 22.000 | 0.440 | 7.800 |

Tabela 6.4: Resposta de pico do tanque de armazenamento de líquido largo elevado isolado por VFPI (*Ti=2s*, μ = 0,05 )

| **Tipo de tanque** | **F /W$_b$** | $x_c$ **(cm)** | $x_s$ **(cm)** | $x_b$ **(cm)** |
|---|---|---|---|---|
| Não isolado | - | - | - | - |

| Fig.4.1(a) | | | | |
|---|---|---|---|---|
| Modelo isolado I Fig.4.1(b) | 0.058 | 22.500 | 0.550 | 8.000 |
| Modelo isolado II Fig.4.1(c) | 0.080 | 24.000 | 0.430 | 5.900 |

As Figs. 6.1 - 6.4 mostram a variação temporal da resposta dos reservatórios elevados delgado e largo, respetivamente, sob o movimento sísmico de Imperial Valley, 1940. Os parâmetros do modelo considerados são $T_b$ = 2 s, $\xi_b$ = 0.1 e $T_t$ = 0.5 s. As figuras indicam que a variação da resposta dos dois modelos de tanques isolados (i.e. modelos isolados I e II) é idêntica e muito próxima. O cisalhamento da base e a deriva da torre dos tanques isolados são significativamente reduzidos em comparação com os dos tanques correspondentes não isolados.

Os deslocamentos máximos de apoio no tanque delgado para os modelos isolados I e II são 10,5 e 10,00 cm, enquanto que para o tanque largo, os deslocamentos correspondentes são 8,5 e 7,8 cm. No caso do VFPI, os deslocamentos de pico no tanque esguio para os modelos isolados I e II são 11,5 e 9,8 cm, enquanto que para o tanque largo, os deslocamentos correspondentes são 8,0 e 5,9 cm.

Isto indica que o deslocamento da chumaceira é comparativamente menor no tanque largo. Também a partir das Figs. 6.1 - 6.4, o deslocamento da chumaceira produzido no modelo-II isolado é marginalmente menor em comparação com o do modelo-I isolado. Além disso, o deslocamento do sloshing no reservatório delgado devido ao isolamento aumenta consideravelmente, enquanto no reservatório largo não se regista qualquer alteração significativa.

As Tabelas 6.1 - 6.4 mostram o estudo comparativo da resposta de pico dos reservatórios elevados esbeltos e largos isolados em relação ao reservatório não isolado correspondente (i.e. $T_t$ = 0,5 s). Os parâmetros de isolamento considerados são $T_b$ = *2* s, $\xi_b$ = 0,1 para o rolamento elastomérico e $T_i$ = 2s, $\mu$ = 0,05 para o VFPI.

Tabela 6.5 Redução percentual do cisalhamento de base e do deslocamento da torre para o tanque delgado em relação aos tanques não isolados correspondentes

| **Modelo** | **Estado do depósito** | $F_b$ *W (%)* | $X_s$ **(cm) (%)** |
|---|---|---|---|
| Modelo I | Isolado (rolamento elastomérico) | 88 | 76.85 |
| | Isolado (VFPI) | 87 | 90.74 |
| Modelo II | Isolado (rolamento | 91 | 88.15 |

| | elastomérico) | | |
|---|---|---|---|
| | Isolado (VFPI) | 83 | 88.15 |

Tabela 6.6 Redução percentual do cisalhamento de base e do deslocamento da torre para o tanque largo em relação aos tanques não isolados correspondentes

| **Modelo** | **Estado do depósito** | $F_b$ **/W (%)** | $X_s$ **(cm) (%)** |
|---|---|---|---|
| Modelo I | Isolado (rolamento elastomérico) | 89.58 | 84.09 |
| | Isolado (VFPI) | 87.92 | 75 |
| Modelo II | Isolado (rolamento elastomérico) | 91.67 | 80 |
| | Isolado (VFPI) | 83.33 | 80.46 |

No caso do rolamento elastomérico, as Tabelas 6.5 e 6.6 indicam que, para o tanque esbelto, a redução percentual no cisalhamento da base devido ao isolamento, em $T_t$ = 0,5 s para o modelo-I isolado, é de 88 sob o Vale Imperial. Enquanto que, para o tanque largo, a redução correspondente é de 89,58. Para o modelo-II isolado, a redução percentual no cisalhamento da base para o tanque delgado em $T_t$ = 0,5 s é 91. Da mesma forma, para o tanque largo, a redução correspondente é 91,67.

No caso do VFPI, as tabelas indicam que, para o tanque esbelto, a redução percentual no cisalhamento da base devido ao isolamento, em $T_t$ = 0,5 s para o modelo isolado-I é de 87 sob o Vale Imperial, enquanto que para o tanque largo, a redução correspondente é de 87,92. Para o modelo-II isolado, a redução percentual no cisalhamento da base para o tanque delgado em $T_t$ = 0,5 s é 83, da mesma forma, para o tanque largo, a redução correspondente é 83,33.

Os resultados acima indicam que, devido ao isolamento dos reservatórios, o cisalhamento de base é reduzido significativamente. A redução do cisalhamento na base é comparativamente maior no tanque esbelto. Além disso, também se observa que a redução do corte na base para o modelo-II isolado é ligeiramente superior em comparação com o modelo-I isolado.

No caso do rolamento elastomérico, a redução percentual do deslocamento da torre (ou seja, da deriva da torre) para o tanque delgado no modelo isolado-I em $T_t$ = 0,5s é de 76,85. Para o reservatório largo, a redução correspondente é de 84,09. Do mesmo modo, para o reservatório delgado, a redução percentual da deriva da torre no modelo isolado II é de 88,15, enquanto que para o reservatório largo, a redução correspondente é de 80.

No caso do VFPI, a redução percentual do deslocamento da torre (ou seja, da deriva da torre) para o tanque esguio no modelo isolado-I a $T_t$ = 0,5s é de 90,74, para o tanque largo, a redução correspondente é de 79, da mesma forma, para o tanque esguio, a redução percentual da deriva da torre para o modelo isolado-II é de 88,15, enquanto para o tanque largo, a redução correspondente é de 80,46.

Estes resultados indicam que a deriva da torre é reduzida significativamente devido ao isolamento e isto é mais pronunciado quando a estrutura da torre é comparativamente rígida. O pico do deslocamento do sloshing aumenta significativamente no tanque fino, enquanto no tanque largo não é muito influenciado pelo efeito do isolamento.

Como se pode ver nas figuras, o cisalhamento de base, o deslocamento de sloshing, o deslocamento impulsivo e o deslocamento do isolador da estrutura isolada com o VFPI e a chumaceira de elastómero são quase idênticos. Dado que a intensidade do movimento de El Centro, 1940 não é muito severa, não há diferença significativa no comportamento dinâmico entre o VFPI e a chumaceira de elastómero sob o sismo de El Centro, 1940. O isolamento por rolamento elastomérico e isoladores VFPI tem quase o mesmo efeito no tanque para o movimento de campo distante. A partir das Figs. 6.1 - 6.4, observa-se que o isolamento pelos isoladores VFPI é mais eficaz do que o isolamento pelos isoladores de rolamentos elastoméricos no tanque de armazenamento de água sujeito ao movimento de terra de campo distante.

### 6.3.3Análise da resposta aproximada de tanques elevados isolados

Devido ao isolamento do tanque elevado, a deformação na estrutura da torre é muito pequena. A resposta sísmica do reservatório elevado de armazenamento de líquidos isolado considerando que a massa impulsiva se desloca rigidamente com a parede do reservatório juntamente com a massa rígida e a deformação da estrutura da torre é desprezável. Assim, os modelos de grau de liberdade reduzido dos tanques isolados (i.e. baseados nos modelos de isolamento I e II) são apresentados na Fig. 6.5. Uma vez que o período da massa de sloshing é bastante elevado e bem separado do período do sistema de isolamento, investigar-se-á a resposta dos tanques assumindo que a massa de sloshing se move independentemente do movimento da base. Este pressuposto dará origem a dois tipos de modelos, um em que o movimento da massa de arrastamento é acoplado ao movimento da massa de base (ou seja, é designado por modelo acoplado) e outro em que as duas massas têm movimentos independentes (ou seja, modelo desacoplado). A resposta sísmica de reservatórios elevados de armazenamento de líquidos em aço é investigada utilizando análises desacopladas e acopladas com um sistema de dois graus de liberdade, que estão associados à massa de arrastamento e ao deslocamento da base. Os dois modelos de reservatórios considerados para esta análise baseiam-se no modelo reduzido dos modelos isolados I e II. O modelo reduzido do reservatório elevado de armazenamento de líquidos é utilizado para investigar a resposta utilizando análises desacopladas e acopladas. Os parâmetros equivalentes, tais como a rigidez e o amortecimento da massa de sloshing, ($k_c$ , $c_c$ ) e do sistema de isolamento, ($k_b$ , $c_b$ ) são calculados com base num sistema simples de um grau de liberdade. A massa $M_b$ mencionada na Fig. 6.5 para o modelo-I é igual a $m_c + m_i + 3m_b$ , enquanto para o modelo-II é $m_c + m_i$ . A massa $M_0$ concentrada ao nível da fundação para o modelo-I é igual a $2m_b$ e é nula para o modelo-II. Para a análise do modelo desacoplado, a massa do sloshing é sujeita a uma aceleração melhorada (i.e. $\ddot{u}_b = \ddot{x}_b + \ddot{u}_g$) para uma estimativa exacta da resposta.

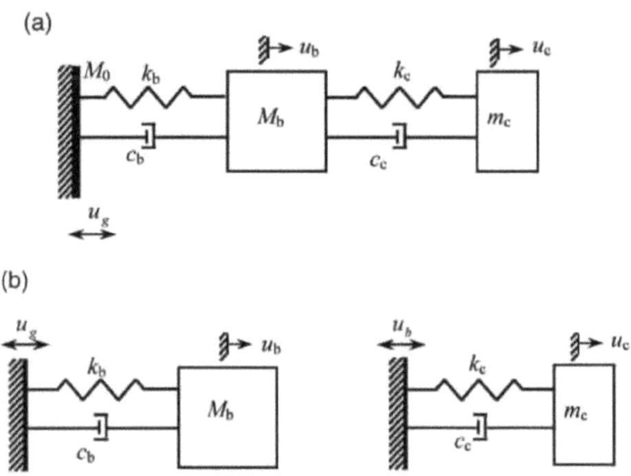


Fig.6.5. Modelo aproximado de tanques elevados isolados de armazenamento de líquidos (a) modelo acoplado e (b) modelo desacoplado.

Para verificar a exatidão da resposta obtida pelas análises desacopladas, a resposta é comparada com a resposta correspondente prevista pela análise acoplada e com a resposta exacta (isto é, obtida pelos modelos de quatro graus de liberdade, Fig.4.1(b),(c).

As figuras mostram que o cisalhamento de base, o deslocamento de sloshing, o deslocamento impulsivo e o deslocamento do isolador da estrutura isolada com o VFPI e a chumaceira de elastómero são quase idênticos. Dado que a intensidade do movimento de El Centro,1940 não é muito severa, não existe diferença significativa no comportamento dinâmico entre o VFPI e a chumaceira de elastómero no sismo de El Centro,1940. Por outras palavras, o isolamento por rolamentos elastoméricos e isoladores VFPI tem quase o mesmo efeito no tanque para o movimento de campo distante. A partir da Fig. 6.1, observa-se que o isolamento pelos isoladores VFPI é mais eficaz do que o isolamento pelos isoladores de rolamentos elastoméricos no tanque de armazenamento de água sujeito ao movimento de terra próximo da falha.

# Capítulo 7

# Conclusão

O desempenho comparativo de tanques elevados de armazenamento de líquidos, colocando o sistema de isolamento da base no topo e na base da torre de suporte, é investigado utilizando movimentos sísmicos reais. A resposta sísmica dos reservatórios isolados é comparada com a dos reservatórios não isolados para medir a eficácia do isolamento. O modelo é considerado para o tanque de aço de armazenamento de líquidos elevado isolado da base. Foram propostas formulações matemáticas envolvendo equações de movimento governantes para a análise de um reservatório elevado de armazenamento de líquidos isolado por uma chumaceira elastomérica e VFPI sujeito a movimentos de terra. Os movimentos do terreno de campo distante (El Centro 1940) são utilizados como entrada para estudar a variação do cisalhamento da base, o deslocamento do sloshing, o deslocamento da torre (deriva da torre) e o deslocamento do isolador. Os parâmetros importantes considerados são o coeficiente de atrito do VFPI, o Fator de Variação de Frequência (FVF) do VFPI e a relação de aspeto do tanque.

As seguintes conclusões são tiradas das tendências dos resultados do tanque isolado de armazenamento de líquidos elevado:

1. O cisalhamento de base do tanque de armazenamento de líquido elevado é significativamente reduzido devido ao isolamento, o cisalhamento de base é dominado principalmente pelos componentes de massa impulsiva e rígida.

2. A deriva da torre de aço também é significativamente reduzida devido ao isolamento. A resposta de pico dos tanques isolados é insensível ao período da estrutura da torre.

3. No caso de um apoio elastomérico, a resposta sísmica de pico prevista pelo modelo isolado-I é ligeiramente superior à resposta correspondente obtida pelo modelo isolado-II. Os modelos fornecem a mesma eficácia de isolamento da base.

4. A eficácia do isolamento sísmico aumenta com o aumento da flexibilidade e do amortecimento dos rolamentos.

5. O pico de deslocamento do sloshing do tanque delgado aumenta devido ao efeito de isolamento, enquanto o tanque largo não tem essa influência.

6. Os métodos aproximados propostos prevêem com exatidão a resposta de pico do reservatório de aço elevado isolado com um esforço computacional significativamente menor.

7. Com a instalação do VFPI em tanques de armazenamento de líquidos, o cisalhamento de base, o

deslocamento de sloshing e o deslocamento impulsivo durante movimentos de solo podem ser controlados.

Observa-se um aumento significativo do deslocamento do isolador.

8. O desempenho do VFPI para o isolamento sísmico dos tanques de armazenamento de líquidos é bastante eficaz na redução do cisalhamento de base e do deslocamento impulsivo dos tanques de armazenamento de líquidos em comparação com o rolamento elastomérico.

9. Verifica-se que o VFPI é mais eficaz para as cisternas delgadas do que para as cisternas largas, uma vez que o deslocamento do sloshing das cisternas largas não é muito influenciado devido ao isolamento das cisternas pelo VFPI.

10. O cisalhamento da base, o deslocamento do sloshing e o deslocamento impulsivo do tanque diminuem com o aumento da FVF, enquanto o deslocamento do isolador aumenta com o aumento da FVF.

11. O deslocamento do sloshing e o deslocamento impulsivo aumentam com o aumento do coeficiente de atrito, enquanto o deslocamento do isolador diminui com o aumento do coeficiente de atrito.

12. O deslocamento de sloshing e o deslocamento impulsivo nos tanques delgados isolados com o VFPI são inferiores aos dos tanques largos isolados com o VFPI, enquanto o deslocamento do isolador nos tanques delgados é superior ao dos tanques largos.

13. O isolamento pelo VFPI e pelo rolamento elastomérico tem quase o mesmo efeito no tanque para os movimentos do solo de campo distante.

14. O VFPI actua como um isolador combinado com um mecanismo eficaz de dissipação de energia e de recuperação.

15. Se a elevação for indicada numa estrutura isolada, deve ser efectuada uma análise detalhada para quantificar os deslocamentos verticais para o projeto da ligação. Isto envolve uma análise não linear com registos sísmicos máximos credíveis realistas e requer um esforço analítico significativo. Para evitar isto, a estratégia óptima é evitar ou minimizar a elevação. Isto é conseguido através de uma configuração cuidadosa dos elementos resistentes à carga lateral.

16. Os parâmetros importantes são a relação entre a altura e a largura do sistema de resistência às cargas laterais e a quantidade de carga gravitacional suportada por estes elementos.

**Vantagens:**

**Segurança em caso de sismo forte:- Comparando** as estruturas de isolamento sísmico com as estruturas anti-sísmicas tradicionais, a resposta das estruturas de isolamento pode ser reduzida para

1/2-1/8 da resposta das estruturas tradicionais.

**Redução do custo de construção** Comparando as estruturas de isolamento sísmico com as estruturas anti-sísmicas tradicionais nas zonas de elevada intensidade sísmica, o custo de construção das estruturas de isolamento pode ser reduzido em 3 a 15 % do custo de construção, porque a conceção da estrutura de apoio cuja resposta sísmica é muito reduzida,

O isolamento sísmico pode ser utilizado nas estruturas com configuração irregular, colocando a camada de isolamento no nível vertical adequado e, dispondo os isoladores com rigidez e amortecimento diferentes no plano da camada de isolamento. Mas isso é impossível de ser feito para as estruturas anti-sísmicas tradicionais que devem ter uma configuração regular muito rigorosa.

**Comparação:**

- Os rolamentos de pêndulo de fricção proporcionam uma resistência e estabilidade superiores às dos rolamentos elastoméricos tradicionais.

- A instalação dos VFPI é menos dispendiosa do que a dos rolamentos elastoméricos.

- As propriedades versáteis do VFPI tornam-no eficaz para esta estrutura e para os sismos.

- Os VFPI têm propriedades fiáveis e consistentes, que não são afectadas por alterações de temperatura ou envelhecimento.

- O perfil baixo do rolamento e a propriedade única de eliminar os momentos excêntricos da carga gravitacional na estrutura suportada podem reduzir significativamente os custos de construção.

- Os apoios eliminam a necessidade de adicionar apoios de corte a paredes, pilares e ligações, o que, em muitos casos, é dispendioso, difícil e indesejável.

**Limitações:**

Existem algumas desvantagens na utilização de um pêndulo de fricção. Um engenheiro referiu-se a um dos problemas como "sticktion", em que o cursor fica preso numa aresta da superfície de deslizamento, de acordo com o Eurocódigo 8. O resultado é que a estrutura não se endireita enquanto o problema não for resolvido.

Existe também a possibilidade de o sismo provocar uma elevação suficiente para puxar o cursor para fora da placa curva Ref.Eurocódigo 8. Tanto o isolador elastomérico como o pêndulo de fricção têm as suas vantagens e desvantagens. Os rolamentos de isolamento sísmico são dispendiosos. Devido a estas considerações económicas, estes dispositivos têm sido utilizados até agora apenas em estruturas importantes, mesmo em países desenvolvidos. Para permitir a sua utilização em estruturas comuns, têm de ser desenvolvidos dispositivos de baixo custo. A exigência de ensaios em protótipos de rolamentos de todos os tipos aumenta o custo do projeto. Por conseguinte, é necessário desenvolver e normalizar métodos de ensaio para avaliar as propriedades dos dispositivos de isolamento.

Os dispositivos existentes são dispendiosos e, para tornar o isolamento viável para estruturas comuns, é essencial desenvolver dispositivos económicos.

17. Cada sistema pode ser eficaz se for corretamente concebido. Por sua vez, um sistema de resistência sísmica concebido de forma eficiente promove a sustentabilidade, melhorando a qualidade de vida. Os terramotos continuarão a causar danos e a perda traumática de vidas, mas os esforços contínuos dos engenheiros para conceber e utilizar estes sistemas só continuarão a diminuir a destruição causada por estas catástrofes naturais.

# Anexo A

## Entrada de aceleração do piso ou do solo

Unidade-1

Nome-El Centro 1940 Componentes Norte-Sul (100% na direção x e 30% na direção Y)

NPTS-1559 -número de passos

Δt- 0.02 Sec,Intervalo de tempo

ξb -0,05-Razão de amortecimento

**Aceleração (direção X)**

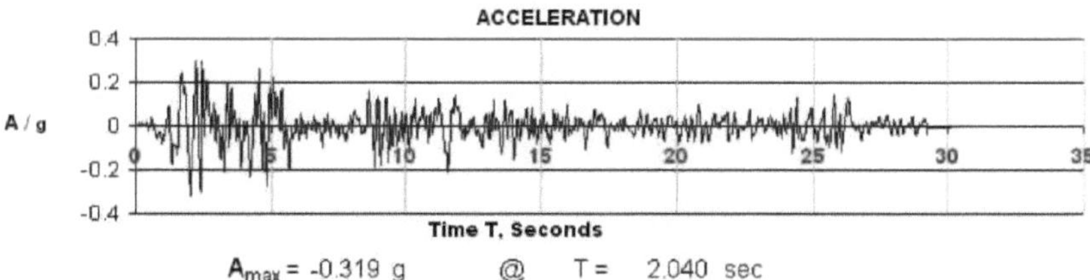


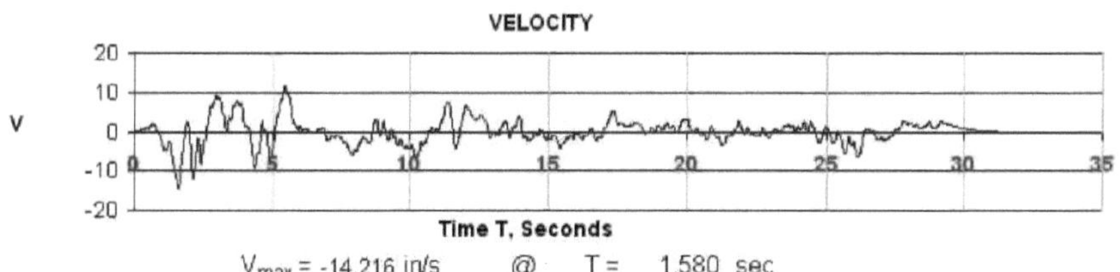


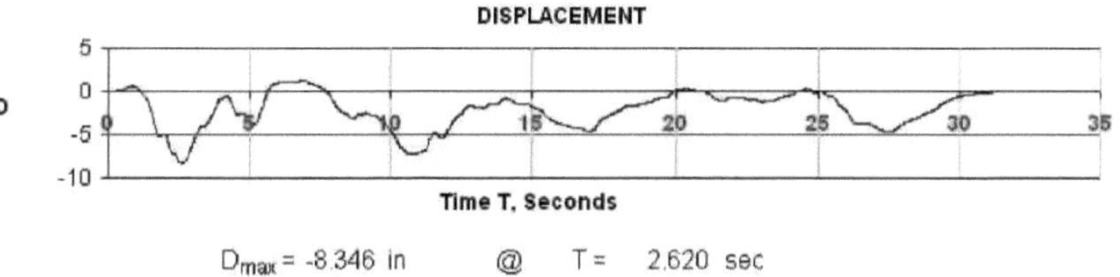


**Aceleração (direção Y)**

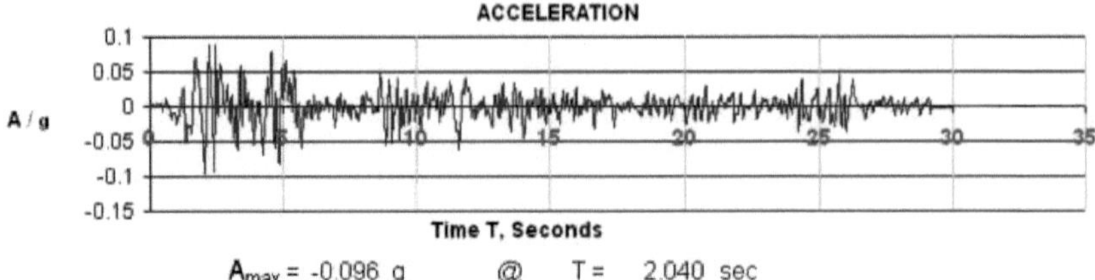


$A_{max}$ = -0.096 g @ T = 2.040 sec

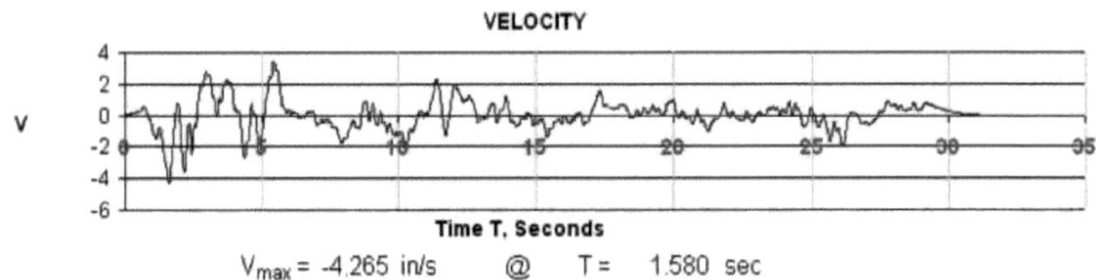


$V_{max}$ = -4.265 in/s @ T = 1.580 sec

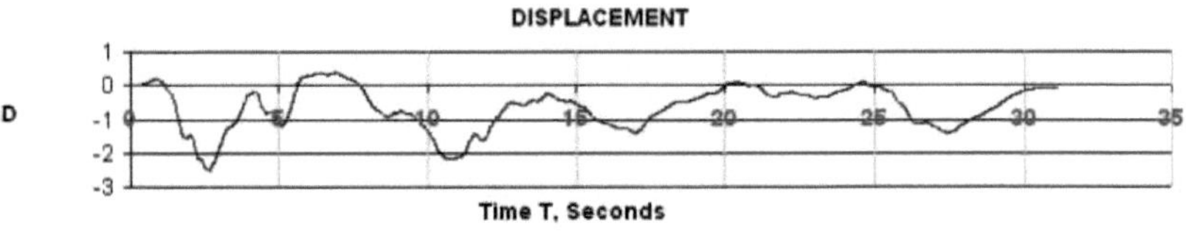


$D_{max}$ = -2.504 in @ T = 2.620 sec

# Anexo B

## O método passo-a-passo de Newmark

1.0 *Cálculos iniciais*

1.1 $u_0 = \dfrac{p_0 - cu_0 - ku_0}{m}$

1.2 *Select* $\Delta t$.

1.3 $\hat{k} = k + \dfrac{\gamma}{\beta \Delta t} c + \dfrac{1}{\beta (\Delta t)^2} m$

1.4 $a = \dfrac{1}{\beta \Delta t} m + \dfrac{\gamma}{\beta} c$ , $b = \dfrac{1}{2\beta} m + \Delta t \left( \dfrac{\gamma}{2\beta} - 1 \right) c$

2.1 *Cálculos para cada passo de tempo, i*

2.1 $\Delta \hat{p}i = \Delta pi + au_i + bu_i$

2.2 $\Delta u_i = \dfrac{\Delta \hat{p}i}{\hat{k}}$

2.3 $\Delta u_i = \dfrac{\gamma}{\beta \Delta t} \Delta u_i - \dfrac{\gamma}{\beta} u_i + \Delta t \left( 1 - \dfrac{\gamma}{2\beta} \right) u_i$

2.4 $\Delta u_i = \dfrac{1}{\beta (\Delta t)^2} \Delta u_i - \dfrac{1}{\beta \Delta t} u_i - \dfrac{1}{2\beta} u_i$

2.5 $u_{i-1} = u_i + \Delta u_i$ , $u_{i+1} = u_i + \Delta u_i$ , $u_{i+1} = u_i + \Delta u_i$

3.0 *Repetição para o próximo passo de tempo.* Substituir i por i +1 e aplicar os passos 2.1 a 2.5 para o próximo passo de tempo.

3.1 $u_0 = \dfrac{p_0 - cu_0 - ku_0}{m}$

3.2 *Select* $\Delta t$.

3.3 $\hat{k} = k + \dfrac{\gamma}{\beta \Delta t} c + \dfrac{1}{\beta (\Delta t)^2} m$

3.4 $a = \dfrac{1}{\beta \Delta t} m + \dfrac{\gamma}{\beta} c$ , $b = \dfrac{1}{2\beta} m + \Delta t \left( \dfrac{\gamma}{2\beta} - 1 \right) c$

# Referências


- Anil K. Chopra: Dinâmica das estruturas: Teoria e aplicação à engenharia sísmica.

- Abali, E. e Uckan E. (2010) "Parametric analysis of liquid storage tanks base isolated By curved surface sliding bearings", Soil dynamics and earthquake Engg.Vol.30,Nos.1- 2, pp. 21-31.

- D. P. Soni, "Behaviour of asymmetric building with double variable frequency pendulum isolator Structural Engineering and Mechanics",Vol. 34,No.1 (2010) 6184.

- D. P. Soni, B. B. Mistry, R. S. Jangid, e V. R. Panchal' "Seismic response of the double variable frequency pendulum isolator,structural control and health monitoring Struct. Control Health Monit", 2011, 18:450-470, Wiley Online Library (wileyonlinelibrary.com). DOI:10.1002/stc.3.

- Sistemas de proteção contra sismos. Disponível em linha: http://www.earthquakeprotection.com/TechnicalCharacteristicsofFPBearngs.pdf (acedido em 20 de abril de 2012).

- Eurocódigo 8 (1994), "Disposições de Projeto para a Resistência Sísmica de Estruturas", ENV 1998-1, CEN, Bruxelas. Passive and Active Structural Vibration Control in Civil Engineering (1994), Soong T.T. e Costantinous, M.C., (eds.), SpringerVerlag.

- F. Omidinasab e H. Shakib.Seismic Response Evaluation of the RC Elevated Water Tank with Fluid-Structure Interaction and Earthquake Ensemble, KSCE Journal of Civil Engineering (2012) 16(3):366-376.

- F. Omidinasab e H. Shakib. Avaliação da resposta sísmica do tanque de água elevado RC com interação fluido-estrutura e conjunto de terramotos, KSCE Journal of Civil Engineering (2012) 16(3):366-376

- Haron, M.A. (1983), Vibration studies and test of liquid storage tanks. Engenharia Sísmica e Dinâmica Estrutural, Vol.11, No.2, pp.179-206.

- Kasalanati, A.; Constantinou, M.C., "Testing and modeling of prestressed isolators", *SCE J. Struct. Eng.* 2005, *131*, 857-866.

- Kelly, J. M.; Griffith, M.C.; Aiken, I.D., "A Displacement Control and Uplift Restraint Device for Base-Isolated Structures", Relatório n.º UCB-EERC 87-03; Universidade da Califórnia: Berkeley, CA, EUA, 1987.

- Konstantin Meskouris, Britta Holtschoppen, Christoph Butenweg, Julia Rosin, "Seismic Analysis of Liquid Storage Tanks", (2nd INQUA-IGCP-567 International Workshop on Active Tectonics,

Earthquake Geology, Archaeology and Engineering,Corinth, Greece (2011).

- Lyan-Ywan Lu1, Jain Wang2, Chao-Chun Hsu. Isolamento de deslizamento utilizando rolamentos de frequência variável para movimentos de terra próximos da falha, 4ª Conferência Internacional sobre Engenharia Sísmica, Taipei, Taiwan, 12-13 de outubro de 2006
- M. K. Shrimali, R. S. Jangid , "Earthquake response of isolated elevated liquid storage steel tanks".
- M. K. Shrimali, "Seismic Response of Elevated Liquid Storage STEEL Tanks Under Bi- direction Excitation Steel Structures", (2007), 239-251.
- Madhat Ahmed Haroun, Análise dinâmica de tanques de armazenamento de líquidos, Instituto de Tecnologia da Califórnia, Earthquake Engg. Laboratório de Investigação Sísmica
- Malu Girish, Murnal Pranesh, "Sliding Isolation Systems: State-of-the-Art Review", *IOSR* Journal of Mechanical and Civil Engineering (IOSR-JMCE) ISSN : 2278- 1684,PP : 30- 35.
- M. Pranesh e Ravi Sinha, "Aseismic design of tall structures using variable frequency pendulum oscillator",12 WCEE 2000.
- Nagarajaiah, S.; Reinhorn, A.M.; Constantinou, M.C., "Experimental study of sliding isolated structures with uplift restraint", *ASCE J. Struct. Eng.* **1992**, *118*, 1666-1682.
- Pranesh, M., 2000. "VFPI: an innovative device for aseismic design", Tese de Doutoramento. Instituto Indiano de Tecnologia, Bombaim.
- Pranesh M., Sinha R., 2000, "VFPI: an isolation device for aseismic design",

Engenharia Sísmica. Estrut. Dyn. 29, 603- 627.

- Pranesh, M., Sinha, R., 2000, "Aseismic design of tall structures using variable

isolador de pêndulo de frequência", In: Actas da 12ª Conferência Mundial de Engenharia Sísmica, Auckland, Nova Zelândia, Documento nº 284.

- Pranesh, M., Sinha, R., 2002, "Earthquake resistant design of structures using VFPI", ASCE J.Struct. Eng. 128 (7), 870- 880.
- Pranesh Murnal e Ravi Sinha, "Behavior of structures isolated using VFPI during near source ground motions", 13th World Conference on Earthquake Engineering,Vancouver,B.C., Canada,August 1-6, 2004,Paper No. 3105
- Pranesh Murnal, Ravi Sinha, "Aseismic design of structure-equipment systems using variable frequency pendulum isolator".

- Roussis, P.C. , "Study on the effect of uplift-restraint on the seismic response of base-isolated structures", *ASCE J. Struct. Eng.* 2009, *135*, 1462-1471.

- Sinha, R., Pranesh, M., 1998, "FPS isolator for structural vibration control", In: Actas da Conferência Internacional sobre Mecânica Teórica, Aplicada, Computacional e Experimental, Kharagpur, Índia.

- S.J.Patil, G.R.Reddy, "State Of Art Review -Base Isolation Systems For Structures", International Journal of Emerging Technology and Advanced Engineering Website: www.ijetae.com (ISSN 2250-2459, Volume 2, Número 7, julho de 2012).

- Toniolo, R. "THK: Isoladores sísmicos de rolamentos lineares cruzados CLB. Em Actas da Conferência de Engenharia Sísmica de 2008: Commemorating the 1908 Messina and Reggio Calabria Earthquake, Reggio Calabria, Itália, 8-11 de julho de 2008.

- V. R. Panchal e R. S. Jangid, "Seismic Response of Liquid Storage Steel Tanks with Variable Frequency Pendulum Isolator" (Resposta sísmica de tanques de aço para armazenamento de líquidos com isolador de pêndulo de frequência variável).

- V.R. Pancha e D.P. Soni, "Seismic Performance of Variable Frequency Pendulum Isolator under Bi-Diretional Near-Fault Ground Motions", JSEE, Winter 2010,Vol. 11, No. 4.

- Zayas V. A., Low S. S., Mahin S. A., 1990, "A simple pendulum technique for achieving seismic isolation" Earthquake Spectra 6, 317-333.

- Zhang Ruifu, Weng Dagen e Ren Xiaosong, "Seismic analysis of a LNG storage tank isolated by a multiple friction pendulum system", Vol.10, No.2 earthquake engineering and engineering vibration june, 2011.

Printed by Books on Demand GmbH, Norderstedt / Germany